朝日新書
Asahi Shinsho 339

第二のフクシマ、日本滅亡

広瀬　隆

JN264845

朝日新聞出版

第二のフクシマ、日本滅亡　目次

序章　次の大事故が迫っている　*7*

わが国における次の大事故の確率／末期的な日本の政界・テレビ報道界／全国の自治体の首長や議会が立ち上がった！／日本人が生き残るために、何を第一になすべきか

第一章　六ヶ所再処理工場の即時閉鎖　*33*

再処理工場で立て続けに起こってきた危機一髪の事故／東日本大震災が教えた津波災害のとてつもない脅威／下北半島に津波が襲来したという重大な歴史記録／下北半島について日本人が無知であった理由／再処理工場とは何をする工場か／六ヶ所再処理工場では何が事故原因となり得るか／六ヶ所再処理工場を閉鎖するための手段

第二章　全土の原発の廃炉断行と使用済み核燃料の厳重保管　*101*

福島第一原発メルトダウン事故が教えた決定的教訓／高速増殖炉もんじゅの後始末／原発は廃炉のほかない／廃炉後の使用済み核燃料の厳重保管

第三章　汚染食品の流通阻止のためのベクレル表示義務づけ　161
日本全土の放射能汚染は、これから何を起こすか／放射能の基礎知識／チェルノブイリ原発事故からフクイチ事故を考える／北海道から沖縄まで全国に拡大する放射能汚染／食品による内部被曝の危険性／食品のベクレル表示／水源の汚染から始まる二次汚染

第四章　汚染土壌・汚染瓦礫・焼却灰の厳重保管　223
放射性廃棄物と呼ばれない放射性物質の拡散／日本全土に降り積もった放射能をどうするか

第五章　東京電力処分とエネルギー問題　245
事故の責任をとらせ、活動を規制する／東電は送電線と配電網を売却しろ／電力不足問題は存在しない／電力不足を起こす原因は、家庭にはなく、産業界にある／二酸化炭素温暖化説の崩壊／将来の中長期的なエネルギーの理想的手段

第六章　原発廃止後の原発自治体の保護　287
石炭産業の体験を踏まえて／沖縄県民が今なぜ米軍基地に猛烈に反対しているか
あとがき　295

図版作成　加賀美康彦

序章　次の大事故が迫っている

わが国における次の大事故の確率

日本人は、二〇一一年三月一一日の大地震と、同時に起こった福島第一原子力発電所の大事故を体験して、不思議なことに一年後には、もうこれで「天災と原発災害は終った出来事」だと感じている。それは、トンデモナイ誤解である。これは、過去形ではない。現在進行形であり、いよいよこれから、第二、第三の大惨劇の幕が開こうとしている。

それは、次の厳正な事実から明らかである。

一九六六年七月二五日にわが国最初の商業用原子炉、東海原発が運転を開始してから、二〇一一年三月一一日に福島第一原発の三基の原子炉がメルトダウンの大事故に突入するまでに、五七基の原子炉が運転をしてきた。そのうち廃炉となったのは東海原発、浜岡原発1・2号の三基で、この三基を含めて、定期検査期間を含めた運転期間を総計すると一四五三年間であった。

一四五三年間に三基がメルトダウン事故を起こしたのだから、(一四五三年÷三≒)**四八四年に一回、原子炉一基あたり大事故が起こる**、というのが実績の大事故発生確率である。では、これからはどうなるか。現存する商業用原子炉五四基のうち、福島第一原発で爆発した1～4号機は廃炉になるので、今後も残る五〇基の原発が稼働し続けたと仮定すれば、これからは四八四年÷五〇≒九・七年、ざっと**一〇年足らずに一回の割合で、末期的な事故が起こる。**おそるべき高い確率である。この確率は、「一〇年後」に起こるという意味ではない。「一〇年以内に一回」起こるという意味なので、「あしたまた起こっても不思議ではない」のだ。われわれの明日の命と生活と財産は、今もって、強風が吹き荒れる中に置かれたロウソクの炎、まさに風前の灯にある。

一方、全世界に目を転じると、原子炉は、二〇一〇年一月一日現在、運転中が四三二基ある。

一基あたり「四八四年に一回」大事故が起こるなら、四八四年÷四三二≒一、つまり**ほぼ毎年一回、原発が大事故を起こす**というおそろしい地球上に、人類七〇億人が生きているわけだ。

現実に起こった出来事を振り返ってみれば、一九七九年にアメリカのスリーマイル島原発で炉心溶融事故が起こってから、一九八六年にソ連のチェルノブイリ原発で炉心が吹き飛ぶ事故が続き、二〇一一年の福島第一原発事故まで、三二年間に五基が、原子炉の中枢

部が破壊される大事故を起こした。現実の商業用原子炉では、この期間中だけ数えれば、（三二年÷五＝）

六・四年に一基という高い頻度の大事故発生実績である。

以上が、確率論の教える「避けられない未来」なのである。かつて「原子炉一基あたり二万年に一回」と言われた大事故の確率論は、次々と実証される悲劇の前に、完全に吹き飛んでいる。

私は「原発の即時全廃」を唱えてきた。その理由は、第二章に事実に基づいてくわしい解説をするので、反論のある読者は、それをしっかり読んでいただきたいが、少なくともこうした実際の確率論に基づいて思考しても、誰でも、これほど危ない地球上で、われわれ人類は、これから先も生き延びられるのだろうか、という疑問が湧いてくるはずだ。「人類は、いずれ破滅する」と語る人はかなりの数に達し、そこに真理に近い予感が含まれていることは確かだが、それはわれわれ大人が軽々しく口にしてはならない言葉である。人生に踏み出したばかりの幼い子供たち、われわれが生み育ててきた子供や孫の世代に対して、大人として、親として、あまりに無責任すぎる。何としても、彼らが生き残れるようにするために、絶望的な現状を踏み越えて、最善の方法を見つけ出さなければならない。

そのために書き起こしたのが、本書である。

福島第一原発メルトダウン事故が起こってから、私は今日まで八〇回近く「原発即時全廃」のための講演会・学習会に臨み、この事故の深刻さについて説明してきた。内容は、①フクシマ事故が地震の揺れによって破壊が始まり、その瞬間からどれほど大量の放射能が噴出したかという具体的なメカニズム、②次の来るべき地震と津波によって全土の原発に大事故発生の危険性がどれほど逼迫しているか、③放射能汚染食品を通じて日本全土に広がり迫る体内被曝の危険性、この三つの視点から、起こっている事実を語ってきた。そのほとんどは三時間を超える講演だったが、それでも言い足りない深刻な問題が、本書に説明する「緊急の生き残り策」なのである。津波が来たら「高台に逃げろ！」と叫ぶ。それと同じ言葉を叫ばなければならないのが今である。

本書の第一章と第二章で「すべての原発の即時廃炉」の必要性をくわしく論証するので、ここでは、この結論を一応受け入れていただくことでご理解いただくことにするが、まず先に、読者と共に、「すべての原発の即時廃炉」の目的を達成するために、悲観的・絶望的な社会情勢の現実をニヒルな目で見てから、それを、いかに崩してゆけば、われわれの目的を達する希望を探せるか、という具体的な解析作業に入りたい。

末期的な日本の政界・テレビ報道界

政治の世界では、無知をきわめる全世界の愚鈍な政治家ばかりが跋扈《ばっこ》している現在、日本ではまた、とりわけドジョウだけを売り物にして、ただドジョウすくいをやっているだけで、己の意見を表明できない政治屋が国会を牛耳って、原発の再稼働や、原発輸出を目論むという、常軌を逸した行動に終始してきた。正気を失った、これほど頼りない総理大臣と内閣は、一度も国民が選んだ覚えはないのに、である。原子力発電について、己の見識を一度も語れないほど哀れな人間が、総理大臣だって？　原発廃絶をめざしているのは、みんなの党、共産党、社民党だが、これらの議員の数は、次の総選挙で大躍進しない限り、現状では余りに少なすぎる。加えて、共産党と社民党は、「原発の再稼働は許さない」と言いながら、同じ口から「五年後」ないし「一〇年後」に原発を廃絶するという、まったく自己矛盾した政策を掲げているので、直ちに政策を改めるべきである。現状、みんなの党が大躍進するまで、政界には期待が持てない。

さらに悲劇的なことに、わが国には、政界を批判して原発問題に真っ正面から斬り込み、浄化する機能と実力を持った公共テレビも、民放テレビも存在しないことが、日々明らかになってきた。かろうじて東京新聞、北海道新聞をはじめとする一部の地方紙が、原発廃絶に向けて健筆をふるっているが、総じて、〝見ざる・聞かざる・言わざる〟のメディアによって「まるで福島原発事故などなかったかのような」報道姿勢が続いている。テレビの世界では、もはや福島原発事故に関するニュースは、刺身のツマでしかない。

したがって今、大部分を占める国民全体としては、相変らずあきらめに近い気持を持って、無知な方向に誘導されたまま、流されつつあるかのようにさえ見える。テレビをNHKの報道チャンネルに回しても、「頑張ろう」、「元気になろう」と、相変らず高校野球並みの言辞が飛び交っているばかりで、知性のカケラも感じられない。本書に述べるような深刻な問題について国民に急いで伝えて論じ、それがすんでから本来の愉快な世界に向かうという、公共放送が果たすべき役割を果たさず、ただの一度も、原発の正否を論じたことがない。巷間、「NHKのNは、Nuclear（原子力・核）だ」と、批判される末期的な現状にある。

さらに福島第一原発メルトダウン事故は、日本の文化人・知識人と呼ばれ、もてはやされてきた人間たちの仮面をはぎとった。日本のインテリジェンスそのものが断末魔の状態にあることを実証したのである。事故後の立花隆は、週刊文春四月七日号で原発推進論をこう語った。「原子力の世界ではずいぶん前から安全性の高い小型原発の開発を目指す人たちがいました。……小型で絶対安全な原発を作り『各家庭に一台ずつホーム原発を』が理想だという人たちがいた。……福島原発では東芝製の発電機が使われているので、東芝も批判の的になっていますが、彼らが開発している次世代型の小型原発は『絶対安全』の評価を得て、実用化も近いといわれています」。これが〝知の巨人〟だって？　こういうのを〝愚の骨頂〟と言うではないか。

寺島実郎は、「アジア諸国と平和目的の原子力技術を共有して、関係を築いていくべきだ。わたしは原発推進派でもなければ反対派でもない。将来的に原発依存度を一五～二五％の範囲にするのが現実的だ」と、事故後の五月二〇日、札幌市での北海道政経懇話会で講演した。原発依存度が二五％なら、前年までと何も変らないのだから、これまで通り原発を使え、ということだ。自分は原発推進派ではないと言い訳しているが、隔週誌サピオの二〇〇三年六月二五日号に「過剰な中東依存脱却のために日本は『原発技術立国』を目指せ」という論を寄稿していたのではないのか？　しかも彼は、九月一一日のテレビ番組「サンデーモーニング」に出演して、「フクシマ原発事故では誰も死んでいない」と信じがたい言葉を放言し、このすさまじい被害を無視して、いまだに原発を擁護するのだから、小学生以下の頭脳しかない。

草野仁《ひとし》は、東京電力の原発広告塔をつとめてきたという点で、特に悪質である。福島原発事故があっても何も感じない不感症なのか、事故後もたびたび広告欄に堂々と登場してきた。これこそ「世界ふしぎ発見！」だ。

いま原発安全神話の最大のホラ吹き役と嘲笑されているのが脳科学者を自称する二人だ。東京電力の「ＥＣＯ対談」に登場した茂木健一郎と養老孟司である。養老は、『バカの壁』というベストセラーを出したが、福島原発事故後に、自分の無知を棚に上げて、原発問題には推進派と反対派がいるからわれわれは分らないのだ、などとテレビ朝日の「報道ステーション」で言い訳めいた（訳の分らない）言葉で八つ当たりしていた。子供でも分ることが分らないのだから、自分自身の脳のどこが「最もバカの壁」であるかという科学的な分析をしたほうがいい。

こうして、フクシマ事故の発生によって、日本には、まともな文化人が驚くほど少数しか存在しないことが明らかになった。これほど大変な放射能被曝が全国に進行しながら、自分の意見を何も発言しない人間たちこそ、問題なのである。多くの知識人は、「原発反対派」か、「原発推進派」かと問われているが、最も腹立たしく感じるのは、「狸寝入り」

を決め込んでいる人間たちである。これほどの大事故が起こっていながら、口をつぐんで何も言わない人間が、知識人や文化人のような顔をして、平気でテレビで活躍している。彼らの役割は、別の出来事に人間の関心を集め、原発事故の悲惨さを忘れさせることである。まこと、二重人格に見える。

人間として、「何も言ってない」。それが問題なのだ。過去のことを問うているのではない。福島第一原発事故を見て、今までと考えが変れば、それでよいのだ。私のこの言葉が聞こえているかい？　横を向いてはいけないよ。テレビコマーシャルに出ているあなたのことだよ。それでも知識人、文化人、作家なのか？　それでも役者、芸人、歌手なのか？それでもスポーツ人なのか？　大衆の誰もが放射能に不安を抱いていることぐらい分っているだろう。ならば国民の前に、自分の考えを堂々と述べ、しっかりと子供たちの未来を守るため、原発廃絶のための活動を展開することは、著名人として果たすべき最低限の義務であろう。沈黙を通して、嵐が過ぎ去るまで腹の中で舌を出し、みなが問題を忘れるように平然と自分の職業的な舞台で活躍する人間に、われわれは「それでも人間なのかい」と、最大の問いを投げかけているのだ。

しかし知性ある人間は、これほど思考力のないメディア集団を相手にしている暇はない。

では、さて、どうすれば、日本という国を正しい道に戻せるのか。

全国の自治体の首長や議会が立ち上がった！

知性と知恵ある日本人にとって、解決しなければならない喫緊《きっきん》の課題がいくつもある。それは、完全に信頼を失ったテレビメディアにも、腐敗堕落した国政にも頼らずに、われわれ、とりわけ子供たちが生き延びる手段を、急いで講じることである。国を相手にしない、現地のゲリラ戦だ。

フクシマ事故の発生当初からしばらくの間、絶望的と思えたこの国ではあったが、すでに全国の原発自治体および近隣自治体の首長たちが、原発の再稼働停止や、廃炉請求に立ち上がったことによって、にわかにそうした要求が具体化し、われわれに希望を与えるようになってきた。

今、こうした課題の解決は、決して不可能ではない。食品と汚泥・瓦礫・焼却灰などの放射能汚染の被害が深刻化してきたため、いまだフクシマ大事故の後始末という不幸な渦中にはあるが、これまで都会人として「遠隔地の原発問題」を考えなかった人たちが目覚めて立ち上がり、汚染地の住民運動が、都市部の市民運動へと浸透し、拡大してきた。

われわれの命の鍵を握る原発現地の動きを、追ってみれば、それがはっきり分る。北陸の福井県は原発銀座と呼ばれてきた。敦賀・美浜・高浜・大飯《おおい》に一三基の商業用原子炉があり、さらに耐震性が原子炉のなかで最も弱く、プルトニウムを一・四トンも内蔵する超危険な高速増殖炉もんじゅを抱える日本最大の原発銀座では、福井県知事・西川一誠《いっせい》氏が二〇一一年五月二一日の朝日新聞（福井県内版）インタビューで、国は耐震性の問題を何も真剣に考えていないとして原発運転再開に反対の声を上げた。その要旨を紹介すると、次のようであった。

——国が指示した緊急安全対策は、津波の想定に偏《かたよ》っている。福島第一原発の事故原因は、地震の揺れによる可能性も指摘されているのにその検証はなく、耐震対策が盛り込まれていない。……原因をすべて津波にしてしまって、電源車と消防車とホースがあれば大丈夫って、それはないでしょう。……プラントの主要な部分や致命的に影響する部分のトラブルが、津波なのか地震動の影響なのか、分っている範囲で対応策を示すべきだ。すでに震災から二ヶ月が過ぎているのに、国は最小限のことができていない。安全設計審査指針や耐震設計審査指針の抜本的な見直しは不可欠だ。……県民の安全確保と電力需給は、別の話だ。本当に供給が大変なら、天然ガス発電への切り替えなど、事業者が検討したらいい。県民の安全の確保が一番だ。大阪の人にとっても安全は大事でしょう。福島のようになったら、電気が送れなくなるのだから、我々も関西も安全が第一のはずだ——と。

実際、西川知事が指摘したように、福島第一原発が末期的な事故を起こした原因は、サイエンスライターの田中三彦氏が毎日新聞社の「エコノミスト」臨時増刊七月一一日号の巻頭記事や、岩波の雑誌「科学」九月号に詳細に実証して解き明かした通り、まず地震の揺れによって配管が破損してから始まった可能性が濃厚である。津波が襲ったのは、そのあとの出来事だ。田中氏は、福島第一原発4号機の主任設計者だった最高頭脳を持つ元原発エンジニアで、その後、退社してから原発の危険性を世に問い、浜岡原発の運転停止を求める裁判の住民側証人として証言台に立ち、新潟県中越沖地震で破壊された柏崎刈羽原発の閉鎖を求める頭脳的リーダーとして活動してきた。日本人が最も信頼できるこの田中氏の「地震破壊説」に対して、今日まで一度も、国（原子力安全・保安院）も東京電力も反論しようとせず、実際には反論さえできなかった。それでいて原因をすべて津波にしてきたのだから、日本全土の原発を信頼できるはずがない（田中三彦氏の「地震の揺れによる配管破損説」については、第二章に解説する）。

加えて、人口がわずか八〇万余りの福井県が、若狭の海岸の原発では過去に累計約二兆キロワット時も発電し、この電力を関西経済圏に送電してきたのである。その若狭地域がその間に必要とし、消費した電力は、ざっと送電分の一〇〇分の一と推定される。ほんの一%しか地元では使われていなかった。原発が建ち並ぶ若狭の海岸を走る小浜線の鉄道でさえ、ずっとディーゼルで走り、電化されたのは、ほんの九年前の二〇〇三年である。若狭が生んだ電気は、ほとんどが大阪、京都、兵庫などの大都会で使われてきたのである。しかも関西経済圏の市民たちと産業界がそれを今まで意識しなかったとしても、西川知事が指摘するように、福井県で大事故が起これば、若狭の海岸から大阪市まではほんの一〇〇キロメートルほどしかないのだから、たちまち大都市部が一瞬で大汚染地帯となる。若狭の場合は、東日本大震災のように大地震か大津波が沿岸一帯を襲って原発事故が起これば、同時に一四基がまとめて爆発するという、救いようのない大惨事に至る。その時には、日本海の魚も全滅する。

西川氏に続いて六月九日には、福井県小浜市の市議会が「原発からの脱却を求める意見書」を全会一致で可決した。小浜市は大飯原発から半径一〇キロ圏内に「住民の半分」が暮らす一触即発の危険地帯だからである。

もう一つの原発銀座は、七基の柏崎刈羽原発を抱える新潟県にある。二〇〇七年の中越沖地震で変圧器火災を起こしてメルトダウン直前まで突っ走り、内部が複雑骨折したまま、無能な東京電力が運転を続けるという底知れぬ危険に直面している。ここ新潟県知事・泉田裕彦《ひろひこ》氏も、九月一三日に経済産業省で松下忠洋副大臣と面会し、原発再稼働の条件となっているストレステストの安全評価について「やったから安全だとは評価しかねる」と伝え、原発再稼働を突っぱねた。

最も強く地震の危機が迫っているのは、東海大地震を目前にして、ふくれあがる不安に襲われる静岡県である。ここ御前崎市の浜岡原発に対して、四月二一日に静岡県湖西《こさい》市市長・三上元《はじめ》氏が静岡県の市長会で「浜岡原発を止めるべし」と発言して、原発稼働反対の口火を切った。続いて菅直人首相が、五月六日に中部電力に浜岡のすべての原発の運転停止を要請して、全原子炉の停止にこぎ着けた。

三上市長がこれまで続けてきた発言の要旨は、次のように、鋭く問題点を指摘したものであった。

——原発こそ地球破壊の元兇だ。市民の生命と財産を守るのが市長の役割だ。原発のない自治体の首長が黙っているのはおかしい。湖西市がある六〇キロ圏は地元そのものだ。政治家は自分の意見を言う義務がある。政治家なら声をあげて言うべきだ。市民は政治家に、あなたはどちらの意見なのか、と聞いてくれ——と。

あなたは住民の命と財産を守りたいのか、守らないのか、そのどちらなのか、これを自分の市町村の首長に尋ねることほど重要なことはない。首長が何も言わないからといって、住民が黙っていてはいけない、というのである。この言葉は、膨大な数の書物を読み、事実がどこにあるかを真剣に追求してきた三上氏が、まさに人間として、政治家として到達した見識であった。

かくて、この考え方が広く受け入れられ、県内に広がっていった。そして六月には、浜岡原発の廃炉を求める静岡県内の首長が、吉田町、下田市、焼津市が加わって四市町になった。さらに市町議会で廃炉を求める議決は伊豆市、東伊豆町、松崎町、伊豆の国市、吉田町、富士市、南伊豆町、三島市に増え、浜岡現地の御前崎市に隣接する牧之原市議会は九月二六日の本会議で「浜岡原発の永久停止」決議案を賛成多数で可決した。牧之原市の西原茂樹市長も「県内トップのスズキの自動車工場が、浜岡原発から一一キロという至近の距離にある。しかも牧之原市はお茶の名産地である。原発を止めることこそ、地場産業生き残りの切り札だ」と、浜岡廃炉の意志を明確に打ち出し、藤枝市議会も再稼働反対を決議した。静岡県知事・川勝《かわかつ》平太氏も、浜岡が福島第一のようになれば、新幹線も高速道路も飛行場も放射能を浴びて、ここが陸の孤島となり、残るのは富士山だけだと語り、「原発再稼働は論外である」という態度を崩していない。

残る原発銀座は、フクシマ事故に苦悩する震源地の福島県である。一〇月二〇日には、大事故の悲惨な状況に苦しむ福島県議会に「福島第一原発と第二原発のすべての原発一〇基の廃炉を求める請願」が提出され、採決直前に五人退席のあと、残る四八人の全員が賛成して、圧倒的多数で廃炉請願を採択した。実は、爆発しなかった福島第二原発の四基も、三月一一日の大震災で大津波に襲われ、メルトダウンから爆発へと進む直前、数千人の人海戦術でかろうじて危機を回避していたのである。そのため、原発推進のリーダーとして多方面から批判を浴びてきた福島県の佐藤雄平知事も、一一月三〇日の記者会見で、福島県内にある一〇基すべての原発の廃炉を復興計画に明記すると発表した。

一〇月一九日には、電源開発（Jパワー）が青森県大間《おおま》町に建設している大間原発について、対岸の北海道から火の手が上がった。建設工事の無期限凍結を求める函館市の工藤寿樹《としき》市長が、市民団体「大間原発訴訟の会」との懇談の席上、「Jパワーがどうしても工事を進めるなら、函館市が原告となって司法手段を取る考えもある」と発言して、工事再開を強く牽制した。電源開発は、火力発電と水力発電のプロではあっても、原発についてはまったくの素人である。加えて、大間原発で発電された電気は、青森県で使われるのではなく、遠く六〇〇キロメートル以上も離れた東京に向けて送られるのである。したがって、この原発の事実上の黒幕は、技術的にも、経営上も、フクシマ事故を起こした無能の東京電力である。さらに大間原発では、原子炉は改良型沸騰水型軽水炉（ＡＢＷＲ）で、出力は国内最大規模の一三八万三〇〇〇キロワット。核暴走しやすいプルトニウム混合燃料（ＭＯＸ燃料）を全炉心に使う。日本でも世界でも初めての、最も危険なフルＭＯＸ商業炉である。地震の一撃で核暴走すれば、この世が終りになる。その大間原発は、日本のすべての原発のなかで、最も耐震性が低いのだから、信用できるはずがない。

札幌市長の上田文雄氏も、プルトニウム混合燃料を用いる北海道の泊原発プルサーマルに対して「計画を凍結せよ」と、反対の立場を表明した。さらに泊原発の運転再開にも「福島第一原発事故の被害範囲を鑑みれば、泊原発から六〇～七〇キロ圏内にある札幌市にも北海道は判断資料を提供し、意見を聴取すべきである」とし、原発運転に強く反対する立場から、泊原発がある現地・後志《しりべし》管内の市町村と設ける意見交換の場に参加を申し入れた。

札幌市長の要求は、日本全土の原発近隣自治体にとって重要な指摘であった。そこで、防災対策の見直しを進めてきた原子力安全委員会が、一一月になって、これまで原発から最大一〇キロ圏内だった原発事故防災範囲を三〇キロ圏内まで広げる案をとりまとめた。しかし三〇キロ圏では到底、住民や産業の安全を守れないことは、誰の目にも明らかである。湖西市市長・三上氏が言うように最低限六〇キロ圏に広げる必要がある。いや現在すでに福島第一原発から二〇〇キロメートルを軽く超える範囲まで、深刻な放射能汚染が広がっている。この事実から、原発事故防災範囲を実態に合わせて広げなければならないことは、論を俟《ま》たない。ここに危機感を抱く周辺自治体の多数が問題意識を持ってきたため、原発の運転再開には、ますます大きな壁ができつつある。

近畿地方一四〇〇万人の飲み水を提供する「関西の水がめ」琵琶湖が、福井県若狭の原発群によって汚染されることに強い危機感を抱く滋賀県の嘉田《かだ》由紀子知事と、フクシマ事故難民を多数受け入れてきた山形県の吉村美栄子知事は連携して、原発に隣接する自治体も被害地になるから、原発から脱却した世界をめざすという強い発言を続け、一歩も引いていない。

九州の大分県でも、対岸の四国・愛媛県伊方《いかた》原発が脅威となっている国東《くにさき》市、中津市、杵築《きつき》市、津久見市の四市が、原発からの撤退を決議した。

茨城県東海村の村上達也村長は、三月一一日の大震災で、地元の東海第二原発が津波をかぶり、一挙にメルトダウンから爆発へと進む直前にギリギリで大事故を免れた現実に怒りを覚え、フクシマ事故直後から、すぐれた発言を続けてきた。「こうして無事でいられるのが不思議なぐらいだ。危ないのは浜岡原発だけではない。地震国に五四基の原発があることなど、正気の沙汰ではない。現在の国の福島原発の周辺住民に対する姿勢はまさに〝棄民〟だ。三六万人の子供たちの健康を守る施策も実施していない。運転再開を認めるというわけにはいかない」（常陽新聞二〇一一年八月八日）と。そして一〇月一一日には、原発事故担当大臣の細野豪志に対して、ついに東海第二原発の「廃炉要望書」を提出し、地元首長としてわが国最初の廃炉具体化への第一歩を踏み出した!!

思えば日本の原子力は、茨城県東海村から始まった。いよいよ日本の原子力の終りは、東海村から始まる。その記念すべき日が、ついに訪れたわけである。

フクシマ事故によって茨城県内で最大の汚染地域となった取手市も、市議会が東海第二原発の「廃炉を求める意見書」を可決したが、続いて土浦市でも北茨城市でも、「廃炉請願書」の採択や意見書の可決が続いた。感銘を受けたのは、原子力の総本山である日立市の吉成明市長が「東海第二を廃炉にすべきだ」と見解を表明したことである。埼玉県でも蕨《わらび》市の私の講演会に、蕨市長・頼高英雄氏が開会挨拶をして汚染食品の流通を食い止める決意を語って下さり、静岡県湖西市市長・三上氏が連帯メッセージを寄せて下さった。

こうした一連の動きは、住民の危機意識が高まってこそ、地元の政治家を動かし、原発反対論が広がってきた成果である。自治体ごとに、こうした知識の普及を一層強く続けてゆけば、「物言わぬ国政とテレビメディア」を踏み越えて、「物言う人間」の希望を実現できる可能性は、かなり高くなってきているのだ。

日本人が生き残るために、何を第一になすべきか

そこでわれわれが、すぐに手をつけて解決してしまわなければならないことが、何であるかを考えてみよう。それは、何よりも、次の大事故による日本の絶望的な破滅を食い止めるための、「六ヶ所再処理工場の即時閉鎖」（本書第一章）と、高速増殖炉もんじゅの後始末を含めた「全土の原発の廃炉断行と使用済み核燃料の厳重保管」（第二章）である。

なぜなら、青森県下北半島の六ヶ所再処理工場には、四基が連続爆発した福島第一原発を超える使用済み核燃料が全国から集められ、三〇〇〇トンのプールに満杯のまま保管されているからだ。その工場の目の前には太平洋に直結する湖（鷹架沼《たかほこ》）があり、津波対策

がまったくとられていないのである。ここが海水をかぶって電源喪失による冷却不能に陥れば、あるいは大地震の直撃でコンクリートのプールに亀裂が入って水が抜ければ、東日本大震災当日に運転を停止していながら爆発した福島第一原発4号機と同じ経過をたどって爆発が起こり、日本が消えるばかりか、アジア全土が滅亡する危機にある。

福井県敦賀市の高速増殖炉もんじゅもまた、地震に対して最も弱い原子炉でありながら、炉心に一・四トンという大量の猛毒物プルトニウムを内蔵したまま、重大事故で運転停止中である。フクシマ事故によって大量放出された放射性セシウムとは比較にならないほど危険で、日本列島の中心部の半分を、一瞬で死の町に変える原子炉である。このプルトニウム増殖の目的は、兵器級プルトニウムの生産によって、日本が潜在的な核兵器（原爆）保有国になることにある。

これから数十年続く地震の活動期に入った日本では、列島の土台の岩盤であるプレートが激しく揺れ動いているばかりか、列島そのものがひん曲がり、自然界の調整のために大規模余震が続いてきたので、すべての原子炉が、地雷原のど真ん中を歩いている状態にある。したがって、全土の原発をただちに廃炉にする政策を断行しなければならないことは、言うまでもない。

だが、原発を運転停止して廃炉が実現しても、そこに高温発熱体の「使用済み核燃料」が原子炉内やプールに保管されている限り、福島第一原発の4号機と同じように、運転を終えても、電源が喪失すればわずか三日半ほどで大爆発を起こす。したがって、日本全土で原発の運転永久停止を実現したあとは、急いで使用済み核燃料を原子炉やプールから取り出して、キャスクと呼ばれる金属容器に移して、これまでとレベルの違う高度な方法で、厳重保管しなければならない。それには、どれほど高価な費用を要しても、ただちにその作業にとりかかる必要がある。

こうした状況を冷静に観察すれば、日本人は、ノンビリしすぎている。「原発はアブナイ」とか、「原発は不要だ」とか、そのように子供でも言えることを論争したところで、いまや生き延びるためには、まったく足りないのである。われわれが目的としているのは、原発反対運動のために起こす行動ではない。原発推進論者・反対論者を問わず、日本列島に住むすべての人間が、共に生き延びるための行動である。ほかの議論は、生き延びてからやればよい。

次の大事故が起こってしまえば、広大な範囲の農地が、フクシマ事故で放出された天文学的な放射能の上に、再び大量の放射能が積み重なって高濃度汚染してしまい、私たちには、もはや、信頼して食べられる野菜と魚介類が、完全に失われる。そのとき日本人は、自給食料がほとんど皆無という地獄の日本列島のなかで生きる運命にある。その事態だけは、あらゆる手段をつくして食い止めなければならない。

したがってわれわれが今すぐ（今日から）取り組むべきは、「原発はアブナイ」という初歩的な事実を世の中に広めることではない。その段階を早く越えて、次の大事故が目の前に迫っているという事実を、読者が胸中に確信して、万全の方策を講じて、最悪の事態を食い止めるための〝新たな〟行動を起こすことである。どうすればよいかという手段と方法は、日本の国土に残っていたわずかな数の（しかし次第に、急速に増えつつある）、まともな人間の知恵にかかっている。本書は、それを急いで具体的に解決する目的のために書き起こしたものである。

改めて記す。われわれ日本人は、すべての原発を即時廃絶しなければ、明日の希望がないという絶体絶命の状況に置かれている。決して、エセ・エコロジストたちが口にする「自然エネルギーの普及によって一〇年後の廃炉」などという、少女趣味のような、悠長なことを言って生き延びられる時代にはない。

この目的を果たすために、われわれは、原子力の最後のページを、着実に、急いで閉じる。

　黒澤明監督の不朽の名作『七人の侍』には、まったく非力な農民を助けようとする無骨な浪人たちが登場する。わずか七人で、果たして相手に勝てるか……望みは薄く、ほとんど絶望的な状況であった。ところが勝たなければならなかった。そして勝った。なぜなら、相手は無頼漢であり、能がない。こちらには、個々の能があったからだ。

　その教えが、われわれの最後の目的を果たすのに、一番の重要な鍵となるであろう。われわれが相手にしているのも、見た通り、思考力ゼロの原子力産業・電力会社・政治家という無能集団である。歴史の変革は常に、一人から始まり、少数の精鋭が力を結集して、新たなページを書き記してきた。われわれも同じだ。今から、われわれもそこに向かう。知恵を駆使しながら、体当たりで突進するかに見えて、巧みに、迅速に動く必要がある。幼い子供たちのために、次の大事故だけは、何としても食い止めなければならない。この決意は、一度事実を知った人間であれば、断固、揺らぐことがない。

第一章　六ヶ所再処理工場の即時閉鎖

再処理工場で立て続けに起こってきた危機一髪の事故

日本人がまず真っ先に、全国的な総意をもって取り組むべきは、青森県にある六ヶ所再処理工場の完全閉鎖である。

これまで、六ヶ所再処理工場に対する批判の中心は、再処理によってプルトニウムを抽出してそれを再利用するという「核燃料サイクル」が、資源回収の上から実質的には効果がなく不要である、莫大な費用をかけるのはまったく無駄だ、という資源論や経済論などにあったが、われわれが急いで考えなければならないのは、そのように悠長な話ではない。この再処理工場で、大事故が起こればどうなるか、という日本人全体の生き残りの話である。青森県や東北地方の問題ではない。

青森県下北半島のつけ根にある六ヶ所再処理工場は、原爆材料となるプルトニウムを生産する化学工場である。原子力プラントの一つではあっても、爆発しやすい液体を大量に使って、きわめてデリケートな化学処理をしながら、溶解した成分を、「高レベル放射性廃液」と「プルトニウム」と「ウラン」に分離する化学プラントである。ちょっとしたミスによって、たとえ地震が襲わなくとも、大爆発するおそろしい工場なのだ。

この再処理工場には、日本全土の原子力発電所から、最も危険な使用済み核燃料と呼ばれる放射能のかたまり、「高レベル放射性廃棄物（死の灰）」が集められてきた。この放射性廃棄物こそ、現在、日本全土に飛び散って、食品に侵入し、汚泥や瓦礫となって、われわれの生活を脅かしている放射性物質をすべてかき集めたかたまりである。

その再処理工場が、つい三年ほど前、二〇〇八年末に再処理が不能になるという異常事態になって、工場内の巨大な三〇〇〇トンプールが、死の灰でほぼ満杯、二八二七トンに達している。ここで、われわれに恐怖を与えるのは、運転を停止していた福島第一原発4号機で、二〇一一年三月一五日に、使用済み核燃料一三三一体と、新燃料二〇四体、合計一五三五体が貯蔵されていた燃料プールが、「電源喪失」のため過熱してわずか三日半で水素爆発を起こしたことである。それに対して、六ヶ所再処理工場にある使用済み核燃料は、一九九八年以来、二〇一一年まで一三年間にわたって全国の五四基の原発から集めたとてつもない量の放射能である。4号機のほぼ一〇倍なのだ。

ところが東京電力は、一一月一〇日になって、この4号機の爆発を招いた原因は、排気筒を共有する3号機から流れこんだ水素によるものだと断定し、「4号機のプールから発生した水素による爆発説」を否定する見解を打ち出した。だがその根拠は、床の変形と排気筒配管の残骸だけであり、相変らず東電らしい、まったくいい加減な珍説であった。

その結論は、理論的にまったく信じがたい。というのは、4号機爆発の翌日、三月一六日に撮影され、公開請求して開示された3号機の写真によれば、4号機につながる共通排気筒の巨大な配管は宙ぶらりんとなって、三月一四日に3号機が爆発したあとに爆風で吹き飛んで完全に外れている。3号機が「先に」爆発したのだから、共通排気筒につながる配管は、外気に対して抜けてしまい、開放されている。したがってそのあとに4号機にどんどん高濃度の水素が流入して滞留する可能性はきわめて低い。ただし秘密主義の東京電力が図面を公開しないので、地下にも、われわれには知り得ない共通排気筒につながる配管がある可能性はあるが、3号機が爆発して全体が外気に通じて抜けたあとに、軽いガスの水素が、地下に向かって流れる可能性もまたきわめて小さいので、そのような水素の流入や、とりわけ滞留はほとんど起こらないと考えられる。

いや、すでに3号機が爆発した時点で4号機に大量の流入水素が滞留していた、とも考えられる。しかし三月一四日に3号機が爆発した時、すでに4号機に大量の流入水素が滞留して爆発限界に達していたとすれば、3号機爆発のトテツモナイ大きなショックを受けたのだから、隣接する4号機がこの時点で同時に爆発していたであろう。

3・4号機の共通排気筒につながる巨大な配管

3〜4号機の共通排気筒につながる太い配管は
3号機の爆発後に吹き飛んでいる。（週刊朝日提供）

3〜4号機の共通排気筒につながる太い配管が
吹き飛んだ部分を、11月12日の報道陣に対する
初公開では見せていない。

写真は公開請求して開示された3号機【3月16日撮影】
（東京電力提供）

実は、プール起源水素の爆発説を否定した一一月一〇日は、東京電力が福島第一原発の敷地内に報道陣を入れて初めて公開した二日前である。報道陣を意識した一〇日の発表によって、3号機からの水素流入問題が巧みに演出され、再びクローズアップされたところに報道陣を招いたと考えられる。ところが報道陣の見学コースには、この重要な配管破損部分が含まれていない。この問題を真剣に追及してきた記者であれば要求したはずの写真撮影自体も規制され、望遠で見なければならなかった。これは、マスメディアを欺くための公開だったのだと考えられる。というのは、いかにも東京電力が使いそうな手口であるからだ。

さてそこへ一二月二七日、今度は原子力安全・保安院（以下、保安院）が、この水素爆発の原因について、興味深い新説を発表した。3号機では、格納容器に漏れ出した放射性ガスを、福島県の大気中に人為的に大量放出した（これをベントと呼び、次章に詳述する）。このベント作業中、放出ガスが通る配管が排気筒に向かう途中で枝分かれして、そこからオペレーション・フロアに漏れ出し、水素爆発を起こした可能性がある、というのである。そしてこのベント配管が4号機にもつながって、同じようにオペレーション・フロアに漏れ出し、水素爆発を起こしたという。この新説は東電の珍説より信憑性が高いが、やはり前記同様、3号機の建屋が完全に吹き飛んで配管ガスが大気に抜けたあと、なぜ一九時間後にもなって4号機が爆発したかという理由を説明できない。さらに保安院は、1号機についてはこの漏洩経路を否定しており、水素の発生源と、漏洩した経路は、ほかに数々あるので、この新説が正しいとしても〝水素濃度を高めた一因の可能性〟にすぎないことになる。

同じような発表は、これまで何度もおこなわれてきた。一〇月二日に「2号機では水素爆発が起こらなかった」という根拠薄弱な説を東京電力が打ち出したのも、田中三彦氏が論じてきた事故シミュレーションを打ち消すためにどうしても必要な珍説であり、この時は、読売新聞の朝刊一面トップで、内部情報リーク記事を流して世論を誘導しようとした。また、電源喪失時の命綱である1号機の非常用復水器が本震直後（津波来襲前）から停止していた理由についても、田中氏がこの配管が破断していた可能性があることを指摘してきたため、東京電力は一〇月下旬に、「目視した結果、復水器の配管は破断していなかった」と発表した。田中氏は「破断があったとすれば、目視できる範囲であるはずはない。それより上部の、現在目視できない部分が問題なのだ」と一蹴している。

このように東京電力がたびたび曖昧な根拠で珍説を持ち出し、断定した経過には、そも

図1　六ヶ所再処理工場の使用済み核燃料の貯蔵量

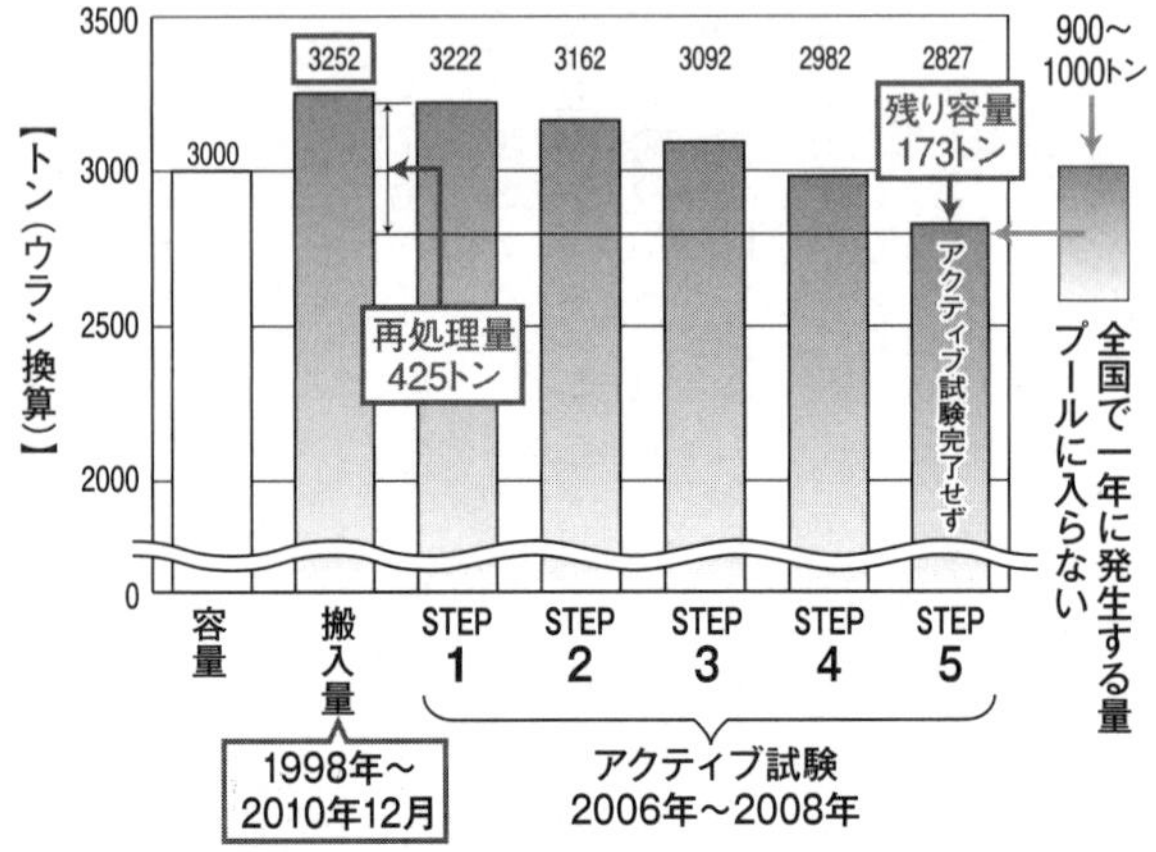

そも理由がある。正面から反論しても勝てないので、田中三彦説を婉曲に否定して、配管破損説を打ち消したいからである。そして、大きな嘘をついてまで隠そうとし、絶対に知られたくなかったのが、全国の原発の運転続行・再稼働に対して、最大の鍵を握っている六ヶ所再処理工場の危険性だからである。この工場の門が閉鎖されれば、いずれすべての原発は、使用済み核燃料の持ち込み先がなくなって、運転不能に陥る。電力業界は、それを最もおそれているのである。

　東京電力や保安院がプール起源水素の爆発説を打ち消そうとした行為は、実は、プール安全論を何ら補強する効果を持っていなかった。なぜなら、この珍説が正しかろうが間違っていようが、フクイチ事故後には、**すべての原子力関係者が、「4号機のプールから発生した水素によって爆発が起こった」と考えていた**からである。なぜか。全国の原発にある使用済み核燃料プールは、冷却用の電源が失われると、使用済み核燃料が過熱して被覆管のジルコニウムが酸化しながら、水素を発生して、放置すれば爆発する、ということがまぎれもない事実だからである（第二章104頁参照）。

一方、この死の灰とは別に、二〇〇八年一二月一八日の保安院の発表によれば、二四〇立方メートルという大量の高レベル放射性廃液が、六ヶ所村のタンクに貯蔵されている。この廃液は、全国に降り積もった放射性物質とは、危険性のレベルがまったく違う。液体であるため、絶えず冷却し続けなければならない超危険な物体である。もし冷却用のパイプが地震で破断したり、津波による停電が起こったりすれば、たちまち沸騰して爆発し、取り返しのつかない大事故となる。そのほんの一部、一立方メートルが漏れただけで、フクイチ事故のセシウム137放出量（保安院推定値）の四分の一に相当し、北海道から東北地方の全域が廃墟になるほどの大惨事になる。なぜこのように不安定で危険な液体がタンクに保管されているかといえば、仕方なくそうなっているのである。再処理工場を運転する日本原燃が、この液体をガラスと混ぜて固体にし、安定した状態で保管する計画で、二〇〇六年にアクティブ試験に踏み切った。これは、六ヶ所村における実質的な初めての再処理の試験操業であった。ところが、再処理を開始してまもなく、二〇〇八年にそのガラス固化に完全に失敗したため、再処理が行き詰まってまったく操業不能に陥り、大量の不安定な液体を抱えこんでしまったのだ。

こうした大事故の可能性については、すでに世界的には予見されている。

というのは、「ウラルの核惨事」と呼ばれる大事故が、実際に起こっているからである。一九五七年九月二九日、ソ連のキシュテム軍事用再処理施設で、高レベル放射性廃液の入った液体廃棄物貯蔵タンクが爆発を起こし、七・四×一〇の一七乗ベクレル（二〇〇〇万キュリー）のうち約一割の放射性核分裂生成物（主にストロンチウム90）が環境中に放出されたと推定されている。その結果、チェリャビンスクなど一帯の河の下流の町を幅三〇〜五〇キロメートル、長さ三〇〇キロメートルという広大な範囲にわたって、一平方キロメートルあたり最大七四〇億ベクレル（二キュリー）という高濃度に汚染し、三万四〇〇〇人が大量に被曝したとされる。

このため、二三ヶ村の約一万人ないし一〇万人とも言われる住民が避難し、一帯は廃墟となった。事故の原因は、貯槽溶液と冷却水の温度センサーが故障し、さらに冷却系が故障したため、崩壊熱によって自然発熱し、三二〇〜三五〇℃にまで達した。これにより溶液が蒸発して、爆発を起こしたものとも推定されるが、実際には不明である。この事故による死者・被害者の数は、軍事機密としてまったく秘密にされているため、現在でも謎に包まれる大惨事であった。

さらに一九七七年一月一五日の毎日新聞に掲載された記事は、「核再処理工場の重大事故　国民の半数死亡も　西独で報告書が波紋」との衝撃的な見出しで、ドイツが東西に分裂していた当時の、西ドイツの内部資料を報じていた（次頁）。この記事の要旨は、一九七六年に西ドイツのケルン原子炉安全研究所が内務省に「再処理工場の大事故に関する解析」極秘レポートを提出した。それによれば、全土から放射性物質を集めてプルトニウムを抽出する再処理工場では、万一冷却装置が完全に停止すると、爆発によって工場の周囲一〇〇キロの範囲で、全住民が致死量の一〇倍から二〇〇倍の放射能を浴びて即死し、最終的な死亡者の数は、西ドイツ全人口の半分に達する可能性がある、とのおそるべき予測をしている、という内容だった。

その事実を暴露した西ドイツ連邦自然保護市民運動連盟（ＢＢＵ）の報告書の表題は

図2　毎日新聞記事と西ドイツ報告書（地図）

（1977年1月15日毎日新聞）

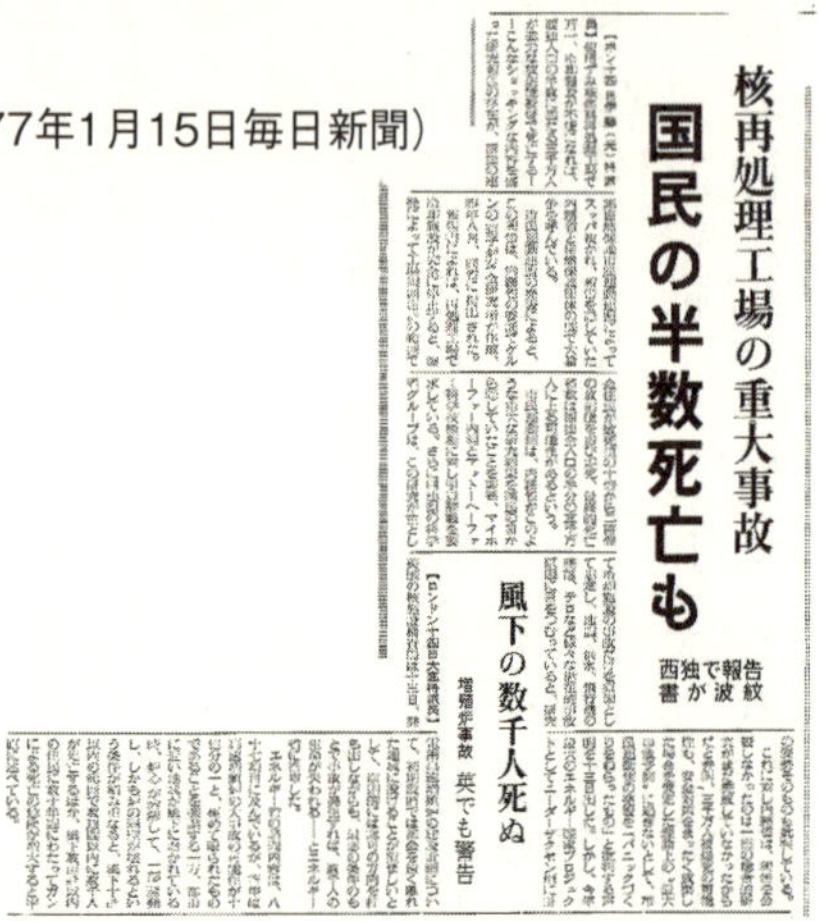

核再処理工場の重大事故

国民の半数死亡も

西独で報告書が波紋

風下の数千人死ぬ

増殖炉事故　英でも警告

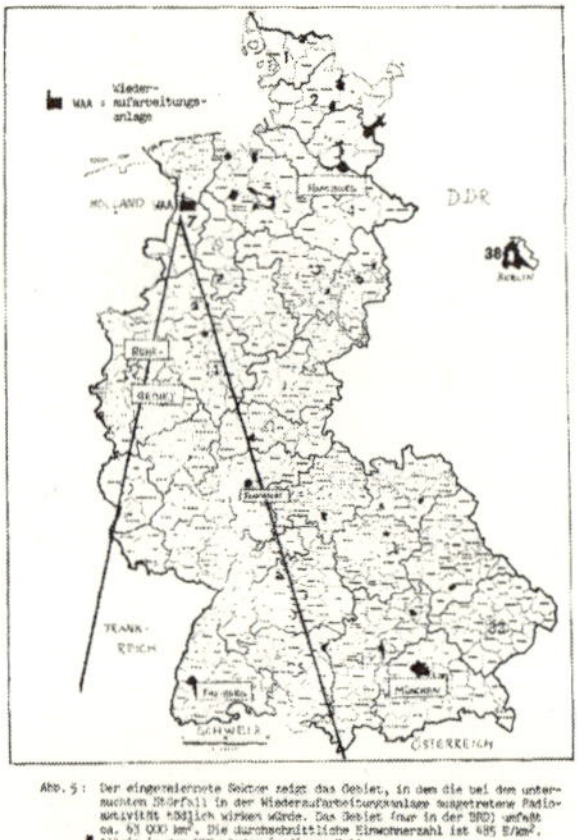

Abb. 5: Der eingezeichnete Sektor zeigt das Gebiet, in dem die bei dem untersuchten Störfall in der Wiederaufarbeitungsanlage ausgetretene Radioaktivität tödlich wirken würde. Das Gebiet (nur in der BRD) umfaßt ca. 63 000 km². Die durchschnittliche Einwohnerzahl ist 485 E/km². Allein in der BRD würden in diesem Fall

ca. 30,5 Millionen Menschen sterben.

Bei anderer Windrichtung verschiebt sich der Todessektor entsprechend.

「扇形に含まれる領域は、分析対象となった再処理工場事故の際に放出された放射能が人命被害をもたらす地域を示している。この領域（西ドイツのみ）は約6.3万㎢、平均人口は485人/㎢である。この場合、**西ドイツだけでも約3050万人が死亡する**。風向きが異なる場合、それに応じてこの扇形が移動する。」

この事故現場として想定されている場所は、当時の再処理工場の候補地だったニーダーザクセン州のアッシェンドルフ=ヒュムリンクAschendorf-Hümmlingである。

西ドイツとスイスの国境地域で、2万〜2万3000レムの放射線被曝が生じることが、図から分る。

An der südlichen Grenze der BRD zur Schweiz hin wird deshalb nach diesem Unfall, wie aus Abbildung 2 zu entnehmen ist, eine Strahlenbelastung zwischen 20 000 und 23 000 rem entstehen.

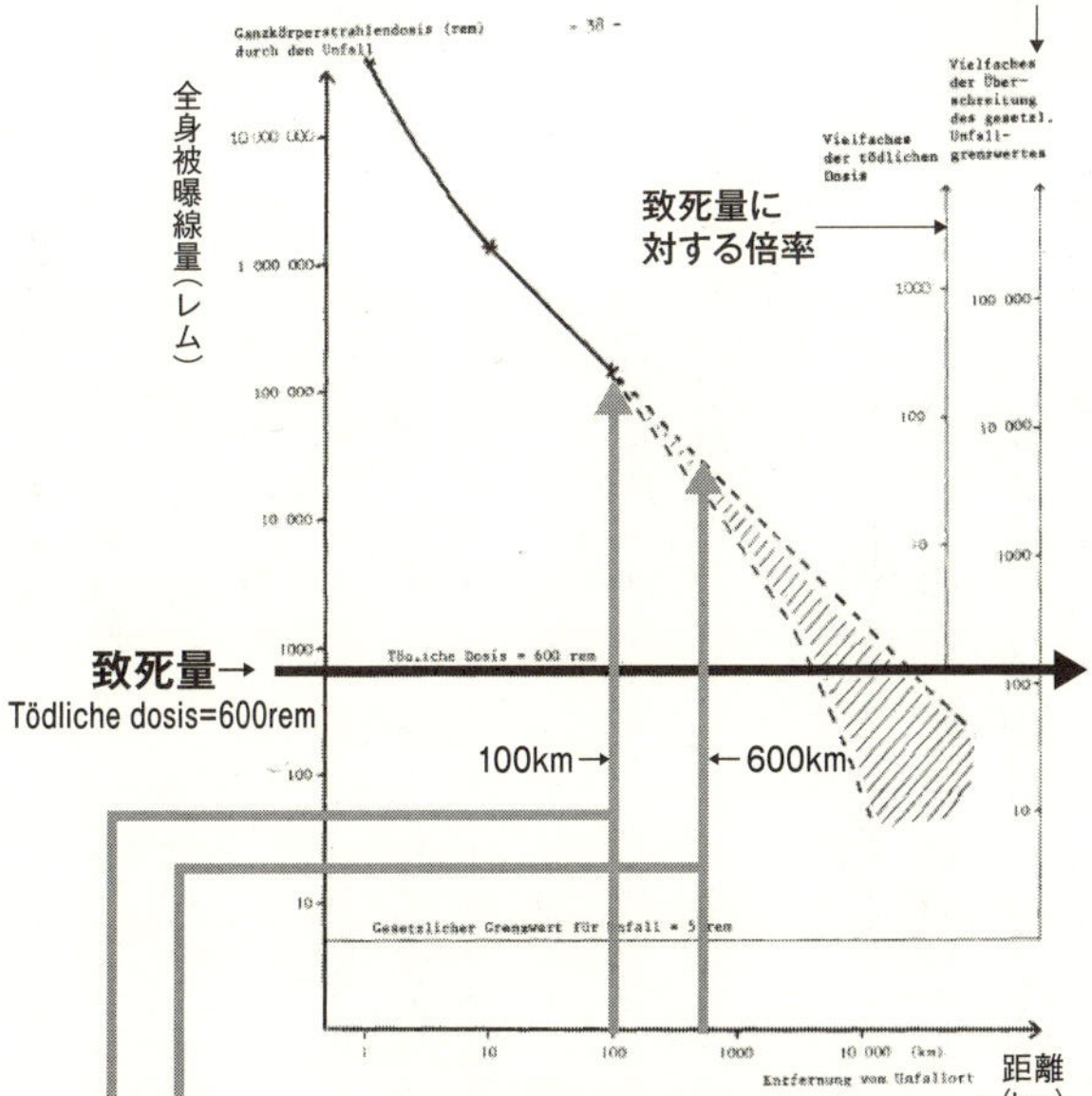

Abb. 2: Strahlenbelastung (Ganzkörper) als Folge eines Unfalles in einem Lagertank für hochaktiven Müll einer Wiederaufarbeitungsanlage in Abhängigkeit von der Entfernung vom Unfallort. Vergleich dieser Strahlenbelastung mit dem gesetzlichen Unfallgrenzwert und der tödlichen Strahlendosis.

「**高レベル廃棄物の集積タンク**の事故の場合の全身被曝量と距離の関係」

100kmで致死量の200倍程度（12万〜14万レム）、
600km（スイス国境）で数十倍。

100レム＝1シーベルト

「原子炉安全研究所の秘密報告書（一九七六年八月、一一月）の解析」とあった。

この予測が暴露されたあと、西ドイツ内務省は、公表しなかった理由を、解析がまだ完成していないからだと必死で抗弁につとめたが、「安全対策を講じなかった場合には三〇〇〇万人が死亡する」予測を認めたのである。

一九八〇年四月一五日には、フランスのラ・アーグ再処理工場で、この西ドイツの報告書を地で行くような事故が発生した。当日、プルトニウムを処理する作業が開始される直前に、フランス全土の高圧送電線から工場向けに送られていた電気系統が故障したため、再処理工場の主電源が停電した。ここで電源が自家発電機に切り替えられたが、のちに主電源が回復したため、ふたつの大電圧がかかってトランスが破壊され、工場内のすべての電気回路が停止してしまった。最悪の電源喪失――ステーション・ブラックアウトである。

タンク内の高レベル放射性廃液は、セシウムやストロンチウムなどが大量に溶解した放射性溶液であり、絶えず電気を使って攪拌しながら冷却していなければ、沸騰して爆発する。そしてこの完全停電のため、廃液が沸騰し始め、放射性セシウムが蒸気となって出る末期的事態を迎えた。この時、工場から二〇キロメートル先にある兵器庫から、山道を越えて緊急発電装置をトラックで運び込んで、ギリギリのところで爆発を食い止めたが、そのまま爆発していれば、ヨーロッパ全土は消滅していたと言われる。

原子力安全基盤機構（JNES）の二〇〇七年三月報告書によれば、海外で発生したこのような恐怖の再処理工場重大事故は、すでに「臨界事故」が一八件（ロシア一一、アメリカ六、イギリス一）、「火災事故」が四五件（アメリカ一五、フランス一四、イギリス八、ドイツ六、ロシア一、ベルギー一）、「爆発事故」が三二件（アメリカ二〇、ロシア六、フランス四、イギリス二）にも達している。

二〇一一年三月一一日の東日本大震災では、福島第一原発で送電線の鉄塔が倒れ、東北地方全域が津波と地震の脅威にさらされて停電したが、六ヶ所再処理工場でも、当日、送電線からの外部電源が失われていたのである。この時は、非常用電源を立ち上げて、かろうじて大事故を免れた。さらに当日二一時一二分、再処理工場の運転予備用ディーゼル発電機への重油供給配管から、重油が約一〇リットル漏洩した。これに引火していれば救いようのない大惨事となっていたであろう。外部電源の供給が再開されたのは、地震発生から二日以上もあと、ようやく三月一三日二二時二二分であった。

さらに本震から約一ヶ月後の四月七日には、現在までで東日本大震災最大の余震が起こり、岩手、青森、山形、秋田の四県が全域停電になった。実はこの時、六ヶ所再処理工場でも、再び外部電源が遮断されて停電となり、非常用電源でかろうじて核燃料貯蔵プールや高レベル放射性廃液の冷却を続けることができた。まさに「ウラルの核惨事」や、西ドイツの報告書を地で行くような恐怖の事態が、立て続けに起こってきたのである。

東日本大震災が教えた津波災害のとてつもない脅威

一一月六日には、岩手県宮古市で「豊かな三陸の海を守る会」主催の講演会に招かれた。この会は、北にある青森県の六ヶ所再処理工場が膨大な量の放射能を垂れ流すため、寒流の親潮に乗ってそれが三陸の海に流れ下ることをおそれ、そのような原子力産業の暴挙を許さないという強い意志のもとに、数年前に結成された住民の集まりである。

というのは、六ヶ所再処理工場における放射能の放出量は、法律に基づいたまともな規制がなく、通常の運転時に、年間の放出放射能が「三五〇×一〇の一五乗ベクレル」とされているのである。これを、フクシマ事故の放出量（保安院推定値）と比較してみると、寒気がするだろう。ベクレルで、その数字を示すと、次の通りである。

福島第一原発から放出された放射能　770000000000000000

六ヶ所再処理工場の放出放射能　350000000000000000（年間の

規制値）

加えて、二〇〇六年にアクティブ試験と称する再処理テストを開始したあと、二〇一一年現在までに放出された実績量は、日本原燃によれば**表1**の通りである。

甲状腺癌を引き起こす放射性ヨウ素について見れば、フクシマ事故で大量に放出されて危険視されてきたヨウ素131の半減期が八日であるのに対して、この表にあるヨウ素129は、半分に減るまでの半減期が一五七〇万年という、ほぼ半永久的な期間である。それを、わずかな期間の試験的操業で六億ベクレルも自然界に放出してきた六ヶ所再処理工場は、三陸の海を破滅させる超危険な放射能汚染企業である。

表1　六ヶ所再処理工場放出量の実績（ベクレル）日本原燃

アクティブ試験開始後の2006年～2011年現在

	海へ**液体**	空へ**気体**
トリチウム	2184兆2732億7000万	20兆2540億
ヨウ素129	5億8758万	1860万
ヨウ素131	5608万	273万
クリプトン85		8京 890兆

甲状腺癌を引き起こすヨウ素129は、半減期が半永久的な1570万年。それを6億ベクレルも自然界に放出してきた六ヶ所再処理工場は、三陸の海を破滅させる超危険な放射能汚染企業である。

ところが、日本原燃は、「大気中に放出する場合、高さ一五〇メートルから時速七〇キロメートルで放出する。海洋放出では、沖合三キロメートルのところで水深四四メートルから流速二〇キロメートル／時で放流する」から大丈夫だという。何が大丈夫なのか？

まさか、自然界に入った放射能が消えるわけではあるまい。空に出たものは、東北地方や北海道の農耕地に降り積もってきた。海に出たものは、魚介類によって取り込まれてきた。まして、原子力産業が計算するように、この放出放射能による被曝量が、〇・〇二二ミリシーベルトだから問題はない、などというデタラメを信ずる人間がいるはずはない。毎年毎年、これだけの放射能を出せば、それが年々蓄積してゆくのだから、被曝量が一定であるはずがない。「豊かな三陸の海を守る会」の岩手県は食料自給率一〇〇％を超える農業県である。さらに、青森県から岩手県、宮城県にかけての陸奥《むつ》・陸中・陸前の三陸の海は、日本屈指の魚介類の宝庫である。そこへ放射能をバラマキ、ふきかけるのか!!

海を守る会会長の田村剛一《ごういち》氏は「海が汚染されたら黙ってはいない」と、満身の怒りを語っている。岩手県内の自治体は、市町村合併後の現在三三を数えるが、すでに二〇一〇年三月までに、この問題の深刻さを憂えて、三一の市町村議会で〝放射性物質の海洋放出を規制する法律〟の制定を求める請願が採択された。

再処理工場が運転不能となってストップしたまま、青森県から放射能はほとんど出ていなかったが、不幸にしてその代りに、南側の福島第一原発がメルトダウンの大事故を起こしたため、宮城県を経て、岩手県にまでおよぶ、陸と海からの放射能の危険性にさらされている。

そして三月一一日の大津波で海岸線一帯が壊滅した大被災地である。つまり南北からの放射能と、東からの津波の攻撃にさらされて、三重苦にあえいできた。しかし本来は農業と漁業の豊かさを誇る屈指の土地であり、それだけ漁業の盛んな土地であるから、地元の議員さんが多数参加して、大変な結束力を持つのが、この海を守る会だ。津波の災害は自然現象なので避けられなくとも、故なきこれ以上の放射能災害だけは何としても食い止めなければならないという人たちが、新たな一歩に踏み出す力をふりしぼって、大変な苦境のなかで講演会を開いてくれ、被災地・陸中ビルの大会議室は驚くほどの人で埋めつくされた。そして私が、つらい気持ながら福島第一原発事故の悲惨な現状を語り、どのような放射能の危険性が迫っているかを説明した三時間の講演中、誰一人席を立つ人はいなかった。

この津波災害の現地を訪れた機会に、私は、宮古市の南に隣接する下閉伊《しもへい》郡の山田町と、北にある宮古市田老《たろう》地区の津波災害地を、現地の方に案内してもらい、津波から八ヶ月後の現在もまだ瓦礫の山が延々と続く惨状に息を呑み、言葉を失った。テレビや新聞で何度見ても、この津波被害のおそろしさは、現場を自分の足で歩かないと実感できないものだ。私が見ることができたのはほんの一部にしかすぎない。家を流されたこの廃墟が、海岸線に沿って延々と数百キロも続くのだ。

私自身、この一帯には縁が深く、かつては「田老原発」の建設計画が噂されて、その反対のための学習会に何度か訪れたことがある。その懐かしい、ひなびた陸中山田駅は、津波と同時に発生した大火災のため完全に焼失して、一本の焼け焦げて真っ黒になった木だけが道しるべのように残っていたので、涙をこらえきれなくなった。さらにここから南にある釜石市も、同様にすさまじい津波の被害を受けたが、かつて高レベル放射性廃棄物の最終処分場計画が釜石に持ち上がり、計画をつぶすための学習会に招かれて何度も足を運んだことがある。岩手山麓の滝沢村も、医療用放射性廃棄物の処分場として狙われたため、推進側との公開討論会に臨み、計画をつぶすことができた。また若い頃に、岩手県の開拓農場に毎年のように働きに行って、第二の故郷と思ってきたのが、岩手県であった。

そして今、「田老原発や、釜石の高レベル処分場ができていれば、今度の大津波で、岩手県は壊滅していました。福島県民と同じように苦しんでいたでしょう。そうしたおそろしい放射能災害がなかったことが、今のせめてもの救いです」という言葉を聞いた時、私もわずかながら、救いを得ることができた。

その一方、もう一つ、私が現地で知りたかったことは、こうして数えきれないほどの尊い人命を奪った津波そのものが、どれほどの威力を持っていたかという物理的な破壊力の実態であった。東日本大震災を招いた津波の高さについては、これまで報道から知る限り、三陸海岸の宮城県女川漁港周辺の調査結果から、海面からの波の高さは一七・六メートルが最大波高であるとされていたが、その後、岩手県宮古市田老における一九・〇メートルの記録が報道された。ところが「豊かな三陸の海を守る会」副会長・佐々木宏氏の推定では、岩手県久慈市を襲った津波は、それよりはるかに高く、三〇メートルを超えていたというのである。そしてその津波が久慈湾に押し寄せた時の記録写真を見せてもらった。

また、津波が陸上に這い上がった遡上高さの最高は、当初は三七・九メートルとされていたのが、四月には、岩手県宮古市の重茂《おもえ》半島で三八・九メートルに書き換えられ、続いて九月には、宮古市での三九・七メートルが最高と報道された。ところが今回現地で入手した、宮古のタウン誌「月刊みやこわが町」一一月号によれば、重茂姉吉地区の遡上高さは、「東北地方太平洋沖地震津波合同調査グループ発表値で四〇・五メートル」とあり、この数字はすでに五月三〇日に、合同調査グループの京都大学防災研究所・森信人准教授が土木学会関西支部で発表していたことを知った（報告は http://www.coastal.jp/ttjt/参照）。歴史的には、二万人を超える犠牲者を出し、最大級の津波災害とされてきた一八九六年（明治二九年）にこの地を襲った明治三陸地震津波があり、その記録三八・二メートルをさらに大きく塗り替える記録である。津波の痕跡についての調査が進めば、この数字は今後、まだまだ大きくなる可能性がある。

勿論、これは東日本大震災後にテレビに出てきた地震解説者や大学教授がデタラメを言ってきたような「史上最大の津波」であったり、「一〇〇〇年に一度の大津波」ではない。江戸時代の一七七一年四月二四日（明和八年三月一〇日）に発生した琉球（現在の沖縄県）の八重山地震では、石垣島での津波の最大波高が四〇メートル、最大遡上高さが八五・四メートルと言われる超巨大津波であった。ほんの二四〇年前の出来事だ。これは、二〇〇四年に起こった高さ五〇メートル近いスマトラ島沖の巨大津波にも匹敵するほどであった。ほとんどの日本人が、こうしたトテツモナイ記録を聞いた記憶がないのは、東日本大震災後にも、まったくこうした重要な史実をテレビも新聞も伝えず、嘘八百を並べるからである。おそろしい無報道の国家と言わなければならない。

二〇〇四年一二月二六日にインドネシアのスマトラ島沖で発生した巨大津波では、死者・行方不明者があまりに大量で実数は不明だが、二〇一〇年には二二万人以上の犠牲者と伝えられている。この時、横浜国立大学の柴山知也教授（海岸工学）らの測定によれば、海面から四八・九メートルの高さまで津波が達した地点があったことが判明している。また、ジェット旅客機並みの平均時速七〇〇キロメートルの猛スピードでインド洋に広がった。当時の日本では、「インドネシア人は、津波のおそろしさを日本人のように知らず、ほとんど無警戒の地域だったので大災害になった」との報道が多量に流れ、あたかも日本では被害が食い止められるかのような風潮を煽っていた。私は「バカをいうな！　無防備なのはこの日本の原発だ！」とテレビに向かって叫んだことをはっきり記憶している。その通りになったことが、悔やまれてならない。そしてほんの七年前に起こったこうした目の前の歴史から、今も、日本の報道は、何も学ぼうとしていない。三陸大津波の災害も、福島第一原発メルトダウン事故も、わずか一年前に起こった出来事だというのに、何ごともなかったかのように忘れるほどの民族に、未来があろうはずはない。この報道界の無責任さは、NHK報道部を筆頭に、厳しく批判されなければならない。

津波を体験した人でなければ、こうした数字のおそろしさは理解できないが、明治三陸地震津波でそれを体験した田老の岩壁には、写真のように当時の津波高さがプレートで表示されている。見上げるように高いところにある白いプレートが、明治二九年の津波高さ一五メートルなのである。その二倍、三倍という四〇メートルや五〇メートルという数字は、われわれの想像を超える巨大な高さである。田老の海岸線に住んでいた人たちは、この歴史を知っていたにもかかわらず、取り返しのつかない悲劇に巻き込まれた。

また山田町の現地には、津波でなぎ倒され、一〇メートル以上も流された巨大なコンクリートの防潮堤が列をなして海岸に転がっていた（58頁写真）。その重さは、一個がなんと三五九トンだと聞き、今回の津波がとてつもない破壊力を持っていたことを、私も初めて知ったわけである。

また、宮古市に打ち上げられた津波石は、長さ六メートル、奥行き四メートル、高さ三・五メートルなのだ。その重さは推定一四〇トンに達するという（59頁の記事）。その巨岩が、ゴロゴロと数百メートル離れた川岸から運ばれてきたのである。人間が三人か四人つながって寝たほどの長さで、人間二人分の高さを持った巨岩というものを、自分の目の前に思い描いていただきたい。いや、これは読者が目の前で見なければ、その巨大さを実

明治三陸地震津波15メートル記録プレート(田老)

立っているのは豊かな三陸の海を守る会・田村会長

感できないものだ。そうして、江戸時代の八重山地震の津波で、宮古島北西にある下地島《しもじしま》に打ち上げられたとされる津波石は、さらに今回の二倍を超え、高さ八メートル（私の背丈の五人分）、重さ七〇〇トンだとされている。いや、この時、約五〇〇〇トンの岩のかたまりが高さ一三メートルまで立ちのぼったという記録もあるというのだから、人間の想像力を超える出来事が、津波災害だということになる。このような巨岩を運ぶ力は、

なぎ倒された山田町の防潮堤

宮古市の津波石

2011年11月25日　東京新聞

被災地いま
再生へ
心ひとつに

岩手・宮古を破壊した津波

巨石 450㍍流される

東日本大震災で大きな被害を受けた岩手県宮古市田老地区に、津波で約四百五十㍍流されたとみられる巨石がある。まちを破壊した津波の威力を物語る石を、震災から八カ月たった今も住民らは複雑な思いで眺めている。

巨石は幅約六㍍、奥行き約四㍍、高さ約三・五㍍。石の種類は不明だ。地元の砂利業者によると、宮古市にある川の砂利と同じ比重だとした場合、重さは約百四十㌧と推定される。

住民によると、石は現在の場所から約四百五十㍍離れた水門近くの川岸にあり、三分の一が川から出ていた。津波で集落そばの水門と防潮林が破壊され、七軒あった住宅のうち残ったのは高台にあった一軒のみ。サケの養殖施設で働いていた三人と住民三人の計六人が犠牲になった。

母を亡くし仮設住宅に暮らす花輪長一さん（七七）は「子どものころ、石のそばで魚を取った。津波はどれだけの強さだったのか」と話す。館崎寅男さん（七三）も「石の上部の形を覚えている。川の水の跡もあり間違いない。すごいパワーだね」。

住民の話から、石のある土地の持ち主とみられる花輪仁右エ門さん（六二）も仮設住宅暮らし。「もともとは田んぼで、減反で牧草を育てていた。再開するとき邪魔になってしまう。撤去してほしい」と話している。宮古市は花輪さんの意向を尊重する考えだが、担当者は「非常に大きな石で通常の機械では取り除けない」と頭を悩ませる。

集落の住民の多くは漁業と農業を営んでいた。妻を亡くした館崎隆保さん（七九）は浸水した畑でハクサイを作っている。「やってみないと塩害の影響は分からない。家族や近所の人に野菜を食べさせてあげたい」。花輪仁右エ門さんはワカメの養殖施設の復旧に取り組む。「できることからやるしかない」

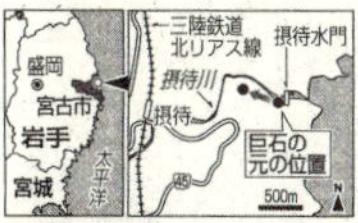

津波で約450㍍流されたとみられる巨石＝岩手県宮古市で

(2011年11月25日東京新聞)

浮力のためなのだろうかと、考えこんでしまう。

われわれが、これまで報道を通じて知っていたかに錯覚していた東日本大震災の津波の威力・破壊力は、想像を絶するものであった。天災や大事故があった場合に、報道は、現地の被災者の苦境を伝えることがまず第一であるが、次の被害をくい止めるためには、こうした物理的な危険性についても、すべての国民に充分に周知させることが絶対に必要だ。そのためには、記者たちが現地をもっと歩いて調査する必要がある。

海を守る会がおそれている六ヶ所再処理工場は、日本中から使用済み核燃料と呼ばれる放射能のかたまりを集積した世界で最も危険な工場である。しかも、操業会社である日本原燃によれば、「標高五五メートルにあり、海岸から五キロメートル以上離れているから、津波の想定をする必要がない」というのだ。まったく津波対策をとっていないという信じがたい人間たちである。八重山地震の遡上高さは八五メートルであるのに、だ。東京大学地震研究所員だった寺田寅彦氏が残した名言「天災は忘れた頃にやってくる」は、「天災は必ず訪れる。しかし人間は、すぐに過去のことを忘れる生き物だ」という警句なのである。

実は、再処理工場の目の前、東側には、尾駮《おぶち》沼と呼ばれる湖があり、それは太平洋に直

図３　六ヶ所再処理工場周辺の地理・地形図

国土地理院による等高線図

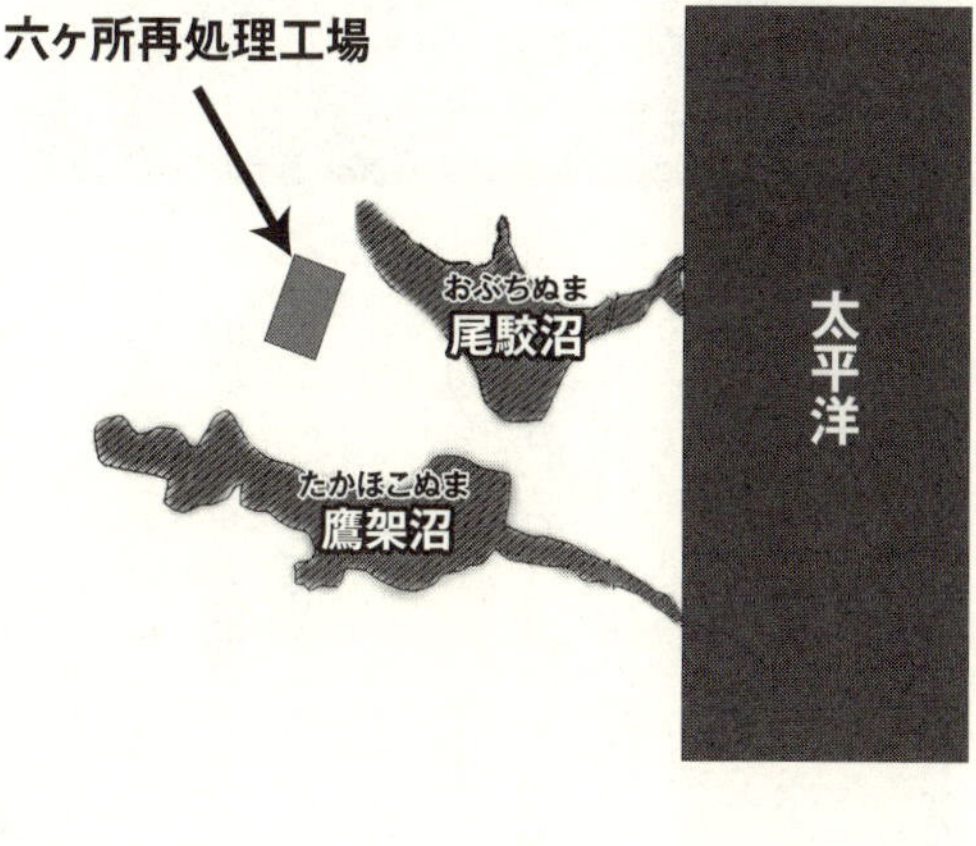

尾駮沼から見た六ヶ所再処理工場（堀井正明氏撮影）

結している。また、すぐ南側には、鷹架沼《たかほこ》と呼ばれる湖があり、これも同じように太平洋に直結している。つまり地形的には前頁の図3の通り、尾駮（湾）と鷹架（湾）に挟まれているのが、六ヶ所再処理工場なのである。工場が海岸から五キロメートル以上離れているから津波の脅威がないというのは、事実とまったくかけ離れた話だ。

下北半島に津波が襲来したという重大な歴史記録

六ヶ所再処理工場を挟む尾駮沼（左）と鷹架沼（右）

さらに、私が一〇月に講演会で青森県から北海道に渡った時、六ヶ所村がある下北半島の目の前、函館市の駅前が三月一一日の津波で、広範囲に水につかっていたことを知らされた。驚いて調べてみると、函館港の観光名所である赤レンガ倉庫に、当日深夜二三時三五分、ちょうど福島第一原発がメルトダウン事故に突入していた頃に到達した津波の最大高さを示すプレートが貼ってあり、路上から一・二メートルに達したと書かれ、私の胸の高さまであった。ところが赤レンガ倉庫前の道路を函館湾から調べると、海面からかなり高かったので、北海道新聞社に尋ねると、長身の人間が完全に沈んでしまう最大高さ二・六メートル

にも達していたことが分った。函館をこれほどの津波が襲ったことは、北海道では知られていても、東北地方の大災害に目を奪われていた関東地方のわれわれには、初耳であった。

東日本大震災によって、北海道と三陸海岸が津波に襲われたなら、その間にある下北半島の六ヶ所再処理工場も危機一髪だったはずである。あとは、この一帯で、過去に津波の記録があったかどうかという問題になる。そうした一〇月に、青森県・宮城県・北陸の各新聞紙上で、次のような重大記事を目にした。北海道大学大学院地球環境科学研究院の名誉教授・平川一臣《かずおみ》氏が、過去の北海道から三陸地方にまたがる大津波の記録を地質調査によって発見し、何と、六ヶ所再処理工場のすぐ北にある東通原発周辺で、過去一〇〇〇年間に五回の大津波の痕跡を確認した、というのである。さらに平川教授の調査では、江戸時代初期の一六一一年一二月二日（慶長一六年一〇月二八日）の慶長三陸地震では、北海道南部の広大な範囲が巨大津波に襲われただけでなく、仙台藩・伊達政宗の領内（現在の宮城県）でも一八〇〇人ほどの死者が出て、巨大地震だった可能性が高いことが判明した。とすれば、三陸海岸と北海道のあいだにある下北半島を大津波が襲ったことは間違いないであろう。

このような初耳の歴史発掘調査に驚いた私は、平川教授と共に現地調査をした北海道新

函館の津波記録

最大波高2.6メートルに達していた

函館の赤レンガ倉庫に津波の記録が残されている

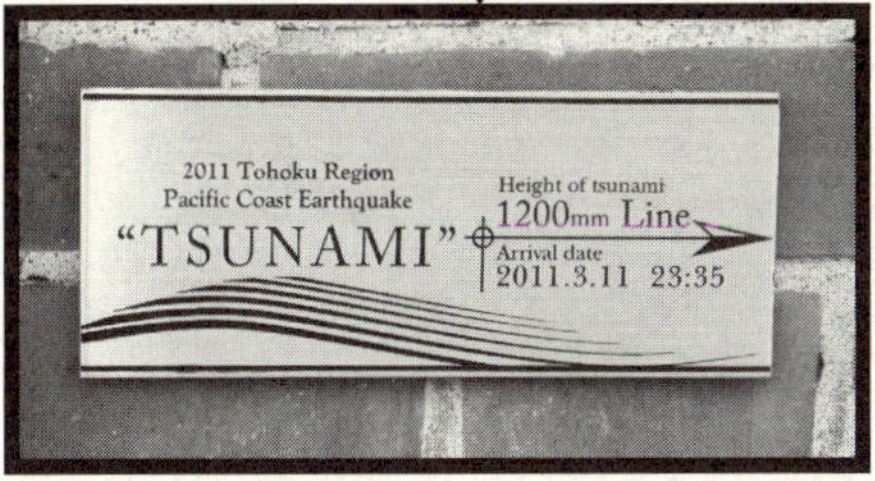

聞の小坂洋右《ようすけ》記者に元記事を送ってもらったところ、何と、はるか前の七月二八日に平川教授の調査結果が北海道新聞で報道されながら、全国ではほとんど知られなかった重大発見であることを知ったのである。

平川教授が、北海道南部の海岸線を北方領土の色丹島《シコタン》から根室・厚岸《あっけし》・十勝・森（函館近く）までくまなく調べ、さらに青森県東通から南下して、宮古市田老・気仙沼・石巻までの太平洋岸を発掘した結果、慶長三陸地震と同時期における大津波の痕跡がどこでも発見されている。したがって慶長三陸地震が、千島海溝を震源として三〇〇年～五〇〇年周期で起こる北海道東部の巨大地震であった可能性が出てくる。そうなると、千島海溝地震による新たな大津波が下北半島に来襲する可能性は高く、その周期性から、四〇〇年後の今がちょうどその時期にあたるのだ。

そこで一一月の北海道講演の機会に、北海道大学の研究室に平川教授を訪ねて、教えを乞うた。

そして、下北半島の地層を平川教授が調べて明らかになった、過去一〇〇〇年間で五回におよぶ津波の痕跡の層について、くわしく説明をしてもらった。特にその中でも、ハルマゲドンと呼ぶことができる巨大な津波の証拠となる地層が、少なくとも二つもあることなど、地層調査の図面を見せてもらい、ぞっとする話を聞いた。

「みな海岸線の低地だけ調べるから、こうした大津波に気づかないのです。高いところを調べて初めて、大津波の歴史が分るのですよ。東通原発の海岸線一帯は、まるで津波災害を待っているような地形なのです。ハルマゲドン津波があったことは間違いない。北海道と下北半島については、長い間、調査が空白域だったのです」

そこで私が、六ヶ所再処理工場を津波が襲う可能性について尋ねると、

「ハルマゲドン津波というのは、一九五八年のアラスカ地震のあと、何と五二五メートルの高さまで津波が達したことがあるのですよ。この津波を引き起こした原因は山崩れだけれど」と、たまげる数字を挙げて、私を驚かせた。にわかには信じられない数字だったが、この津波の世界記録はアラスカ地震直後、アラスカ湾の入江マラスピナ氷河の南東で発生し、信頼できる書物に、次のように記述されていることを教えられた。

——この波は、急な前面をもち、毎時二〇〇キロメートルの速度で進み、海岸にそって数キロメートルにわたる森林を破壊した。場所によっては、勢よく押し寄せた水は、少なくとも五二五メートルの高さまで到達した。このことは、後になって、樹木の皮がはがされている高さとか、基盤上の表土がはがされている高さなどから証明された。——『一般

７月28日に北海道新聞で報道されながら、全国ではほとんど知られなかった重大記事

北海道新聞

原発建設進む青森・東通

大津波、1000年間に5回

北大教授痕跡発見　東北電、調査せず

東北電力の東通《ひがしどおり》原発1号機（定期検査で停止中）のほか、原発3基の建設や計画が進む青森県東通村で、過去約千年間に5回の大津波が来襲していたことが、北大大学院の平川一臣教授（地質学）の現地での地質調査で分かった。同電力などは津波の痕跡を調べる地質調査を行っておらず、平川教授は「過去の津波規模を再評価し、早急に安全対策を見直すべきだ」と指摘している。

調査は、下北半島太平洋岸にある同村で今月16日から18日にかけて実施。津波の痕跡は内陸約1㌔の標高約5㍍地点で見つかり、朝鮮半島白頭山の937年の噴火で東北地方に積もった火山灰の上部に5層あった。うち1層は内陸約1・3㌔までたどることができた。

平川教授は「平野部の内陸に1㌔以上、標高5㍍程度まで入り込む津波は非常に大きい」と結論づけた。

東北電力は1998年の東通1号機着工に際し、現地の地質調査は行わず文献調査などで調べたマグニチュード（M）7・9の安政三年津波（1856年）など過去3回の津波を検討し、「津波は最高6・5㍍」と想定。敷地が標高13㍍にあることから防潮堤・防潮壁は必要ないとの判断を下した。

今回の東日本大震災で福島第1原発が約15㍍の津波に襲われたことから、2㍍の防潮壁と防潮堤新設の方針を明らかにしている。

これに対し、平川教授は「痕跡を残した津波として、1611年の慶長三陸津波（M8・1）、17世紀初頭と12～13世紀に起きた道東500年間隔地震（M8・6）による津波なども考えられる」と指摘。これらは東北電力が検討した過去3回の津波には含まれておらず、「現状の対策で万全か再検証が必要だ」としている。

このほか東通村では、今年1月に東京電力が同名称の東通原発1号機を着工（現在は建設中断中）。さらに東北電力と東京電力がそれぞれ2号機を建設する計画も進めている。

東京電力は、歴史資料や土木学会の評価基準に基づき11・2㍍の津波を想定し、標高12㍍の防潮堤設置を計画しているが、東北電力と同様、「津波の痕跡の現地調査はしていない」としている。

東通原発のある東通村で過去の津波痕跡を調べる北大の平川教授

東北電力も東京電力も日本原燃も、歴史について何も調べていなかった！

（2011年7月28日北海道新聞）

下北半島の津波記録

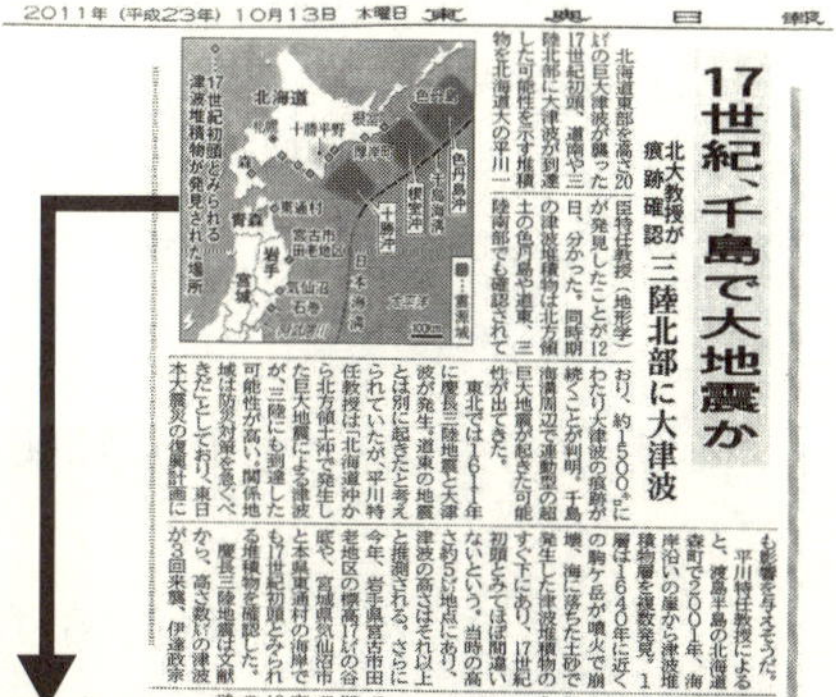
2011年（平成23年）10月13日 木曜日 東奥日報

17世紀、千島で大地震か

北大教授が痕跡確認 三陸北部に大津波

北海道東部を高さ20㍍の巨大津波が襲った17世紀初頭、道南や三陸北部に大津波が到達した可能性を示す堆積物を北海道大の平川一臣特任教授（地形学）が発見したことが12日、分かった。同時期の津波堆積物は北方領土の色丹島や道東、三陸南部でも確認されており、約1500㌔にわたり大津波の痕跡が続くことが判明。千島海溝周辺で連動型の超巨大地震が起きた可能性が出てきた。

東北では1611年に慶長三陸地震と大津波が発生。道東の地震とは別に起きたと考えられていたが、平川特任教授は「北海道沖から北方領土沖で発生した巨大地震による津波が、三陸にも到達した可能性が高い。関係地域は防災対策を急ぐべきだ」としており、東日本大震災の復興計画にも影響を与えそうだ。

平川特任教授によると、渡島半島の北海道森町で2001年、海岸沿いの崖から津波堆積物層を複数発見。1層は1640年に近くの駒ケ岳が噴火で崩壊、海に落ちた土砂で発生した津波堆積物のすぐ下にあり、17世紀初頭とみてほぼ間違いないという。当時の高さ約5㍍地点にあり、津波の高さはそれ以上と推測される。さらに今年、岩手県宮古市田老地区の標高17㍍の谷底や、宮城県気仙沼市と本県東通村の海岸でも17世紀初頭とみられる堆積物を確認した。

慶長三陸地震は文献から、高さ数㍍の津波が3回来襲、伊達政宗領内で約1800人が死亡するなど福島県以北の三陸沿岸が大きな被害を受けたことが分かっている。震源は三

一方、当時の道東には文献がなく、約20㍍の津波痕跡が確認されたのはわずか13年前。ここ十数年の津波堆積

平川特任教授は「千島海溝周辺の巨大地震なら、全ての堆積物の分布や三陸への津波到達が遅かったことも理

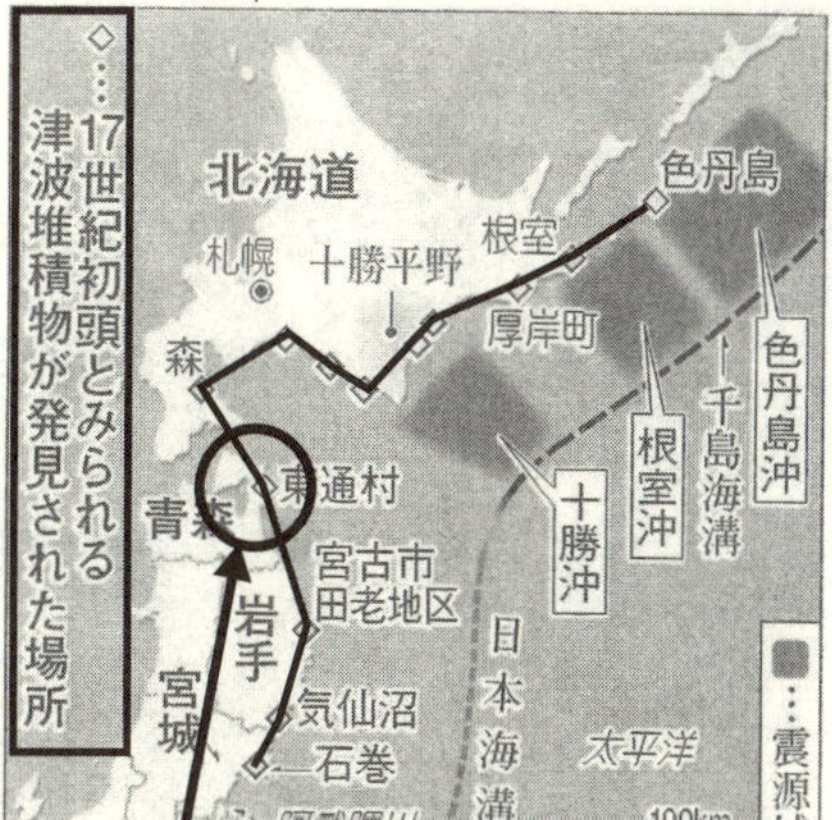

ここが下北半島だ！

（2011年10月13日東奥日報）

図４　青森・東通村を襲った津波の記録
（北海道大学・平川一臣名誉教授の調査結果
Ts：津波の跡とみられる砂の層）

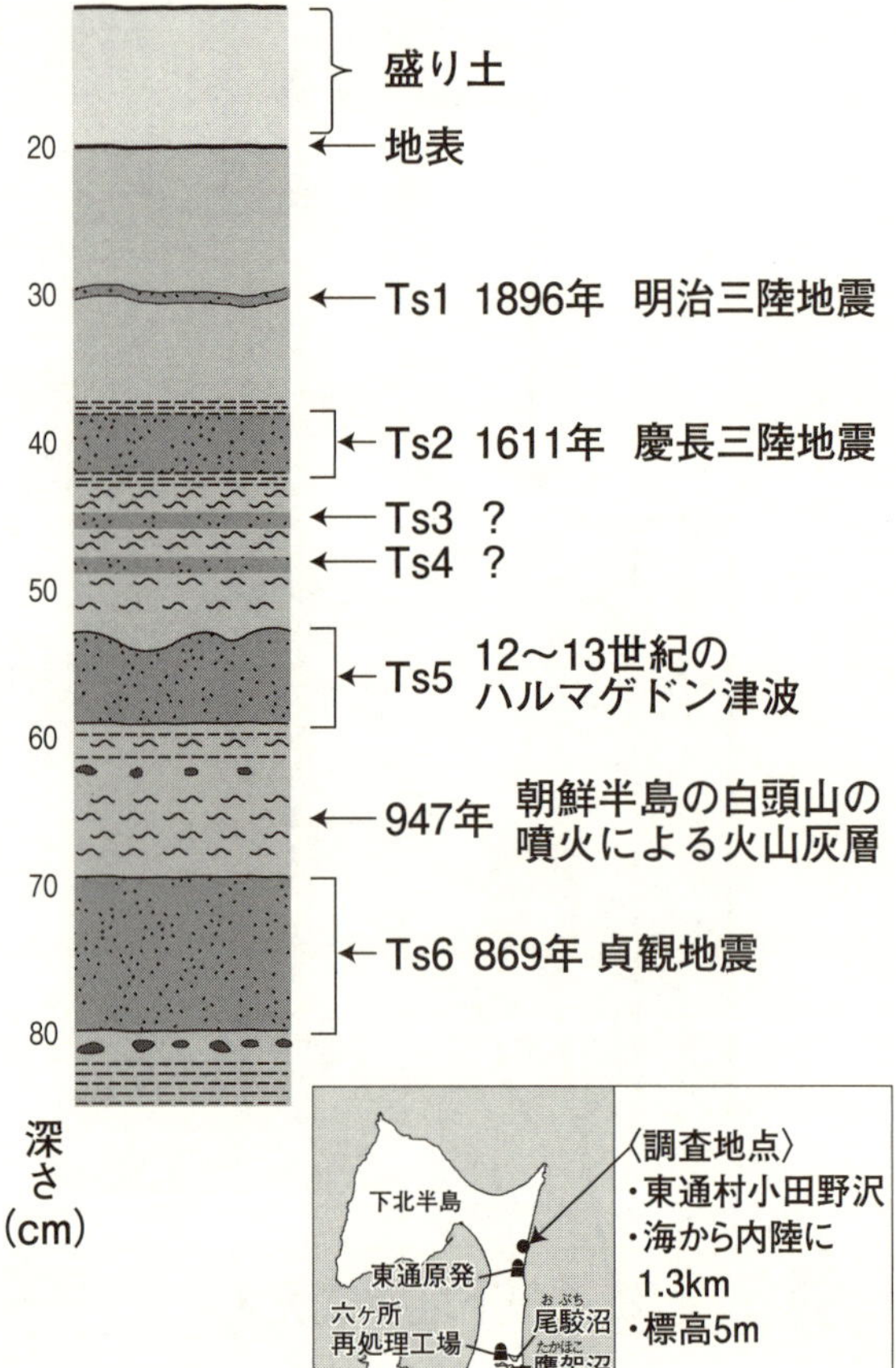

地質学Ⅲ』原書第3版、アーサー・ホームズ著／ドリス・L・ホームズ改訂、一九八四年、東京大学出版会。

誤訳ではないかと疑って、原書にあたってみたが、英文でも間違いはなかった。

……"a wave with a steep front that rose to a height of 30 m or more and reached a velocity of 200 km an hour. The forest was destroyed for several kilometres along the shores and in places the momentum of the surging water carried it up to at least 525 m, as proved later by the height to which trees had been stripped of their bark and the bedrock of its covering of soil.

さらに私が、六ヶ所再処理工場の至近の距離にある尾駮沼が、太平洋に直結している地理であることから、東日本大震災で岩手県の田老のような湾に津波が押し寄せて、海水の出口がなく、盛り上がって多くの尊い命を奪ったようになるのではないかと尋ねると、平川教授は六ヶ所村の等高線の地図を広げて、こう答えた。

「尾駮沼の入口は狭いので、海水が流入しにくく、流入した海水は、ここで広い面積の尾駮沼に入って津波の勢いが減衰してしまう。勿論、大丈夫だとは断言はできませんが、あなたが心配しているようには、この高い地形を登りにくいでしょう。ただし、もう一つ、下北半島のような寒冷地で考えられる津波の遡上としては、冬に尾駮沼の湖面が氷で凍結して、その上を津波がスケートのように流れる可能性があります。さらに私としては、下北半島では、津波よりも、大地震で、この半島を形成している南北方向の巨大な構造線による破壊のほうが危険だと感じます。地震の揺れが、工場を直撃して、それで破壊されるおそれが非常に大きい」という。

六ヶ所再処理工場の周辺の地層について、東通原発のように、津波の歴史を調べていただけないか、とお願いすると、「あそこには、なかなか入れてもらえないのではないでしょうか？　調べれば、東通原発と同じような、過去の津波の痕跡があるかどうかはっきりすると思いますが」と語った。

一旦、私はそこで「尾駮沼に対して海水が侵入する入口が狭いことと、尾駮沼の再処理工場前面にある高台の地理的形状から、六ヶ所再処理工場に対しては津波の遡上の可能性は低い」という平川教授の説明を受け入れた。だが、教授と別れてから、私はしばらく考えて、尾駮沼の太平洋岸の入口が低地であれば、大津波の来襲時には、侵入口は広大になって、岩手県の田老と同じように尾駮湾と化すのではないかと考えた。

この尾駮湾と工場までの距離は、五キロではなく、ほんの数百メートルしかない。岩手県の田老の町の人たちが多数犠牲になったのは、まさしく田老の住宅がこれと同じく湾内にあったからである。田老の湾内に侵入してきた海水は、出口がないまま、一九・〇メートルまで盛り上がって日本一を誇る津波堤防を一挙に乗り越え、町の低地にある住宅を呑みこんでしまった。

六ヶ所再処理工場も、大津波に襲われれば、同じことが起こるのではないか。ここが津波をかぶれば、電源が喪失して爆発し、東北地方ばかりか、日本全土がたちまち廃墟になる。今、われわれはそのような危機一髪の状況に置かれているのではないかという不安がますます大きくなった。

その三日後、北海道の旭川から東京の羽田に向かう機上から地上を見ていると、幸運にも飛行機の航路が下北半島に向かい、真上を飛んでくれたので、上空からよく観察できた。平川教授の説明通り、東通原発の海岸線は、津波が襲ってくれれば、大事故を待っているような、きれいな低地が、延々と海岸線に続いていた。「原発というのは、高かった陸地を掘り下げたうえ、温排水の取水口のために、海岸線をコンクリートの壁で囲ってあるでしょ。あれは、われわれから見ると、まるで津波を呼びこんで、そこから逃げられない海水が敷地にどっと遡上する最もこわい構造ですよ」と言っていた平川教授の言葉を思い出し、まことにもって、大津波が来れば一瞬で水没する地帯であることを確信した。

そして、機上から見えた六ヶ所村の尾駮沼の太平洋岸は、私の予想通りの平らな、海面とほとんど変らない低地だった。大津波がくれば、尾駮沼の入口は、広大な範囲が水没するように感じられた。

さらにもう一つ、新発見があった。尾駮沼の再処理工場前面の台地には、二本の窪地となった谷がはっきり観察されて、ここが津波を呼び込むように感じられたのである。機上から撮影した写真を平川教授に送って、尾駮沼の太平洋岸にある平地の高さと、この二本の窪地について再検討を頼んだところ、平川教授の見解は、以下のようであった。

――尾駮沼の津波の入口は、確かに低地だが、その両側に標高二〇～三〇メートルの台地があるので、この台地を越えて奥深く津波が侵入したことはなかったと考えられる。仮に台地上を遡上しても、すぐに広い沼に入って減衰しただろう。鷹架沼も、同様に入口は低地だが、その先には二〇メートルを越える台地が両側にあるので、津波に対しては自然の堤防のように働くと考えても無理はない。ただし二本の窪地まで津波が侵入することはあり得る。沼が津波に対してどう応答・機能するかが問題だが、分らない。ともあれ、この周辺で、過去六〇〇〇年間くらいの津波堆積物の痕跡調査が必要である。――

六ヶ所再処理工場前にある二つの谷

平川教授が地形を検討した結果は、「安全」側に結論が導かれたが、日本原燃の再処理工場の図面を見ると、二本の窪地となった谷の高さは、工場間際《まぎわ》のところで標高三〇メートルと明記されていた。さらに写真を入手して見ると、まるで津波に「ここから入ってくれ」と言わんばかりの形をした谷である。

東日本大震災でわれわれが学んだ最大の教訓を、日本人はもう忘れてしまったのか。仙台平野の名取市一帯で、海水がどこまでも陸をなめつくす津波のおそろしさをテレビが実況中継して、日本人は息を呑んだ。その内陸に侵入した範囲は、実に六キロメートルにおよんだ。六〇〇〇メートルである。また、岩手県宮古市の閉伊《へい》川河口では、波さえ見えないのに、ぐんぐんと水面が高まって、あっと気づいた瞬間にどっと堤防を乗り越えて街を呑みこんだ大津波の録画映像を何度も目にした。その映像から学んだことは、津波は、「高さ」と「破壊力」と「引き波」のこわさだけでなく、津波とは、後ろから次々と海水が押してくる現象だということであった。それは、「巨大な体積」を持った水のかたまりだから、盛り上がった海水の量さえあれば、壁の高さ、防潮堤の高さは関係なく、どこまでも乗り越えてくるという恐怖である。

まして、八重山地震での八五メートル遡上の津波があり、アラスカ地震で五二五メートルも遡上したハルマゲドン津波の事実を知った今、津波の特性を論じた一般論だけで安心するのはまったくの早計である。二〇〇四年にインドネシアのスマトラ島沖で巨大津波が発生する前に、全世界では誰一人、それを警告しなかったし、予想もしていなかった通り、人類が予想もしない出来事がいつ起こっても不思議ではない。とりわけここ一〇年ほど、太平洋プレートが激動しているために続発してきた全世界の地震を観察していると、二〇〜三〇メートルの台地など楽々と越える大津波が来るおそれは〝かなり高い〟と考えておかなければならない。津波が凍った沼の表面を鉄砲水のように突っ走るスケーティング現象もあるというのだから、何が起こるか分らない。確実なことが言えない今は、六ヶ所村周辺について、津波堆積物の痕跡調査をしなければならないし、その調査を平川教授のように信頼できる学者が実施するまでは、再処理工場に対するとてつもない日本破滅の不安は、われわれの心からまったく去らない。

まず、工場を閉鎖することが、唯一の完全な対策であることは論を俟《ま》たない。

下北半島について日本人が無知であった理由

なぜ、下北半島一帯について、これほど重大な津波や地震の記録が、これまで気づかれずに、六ヶ所村に最も危険な再処理工場を建設してしまったのであろうか。その答は、考えてみれば簡単である。

日本史を振り返れば、江戸時代の一七九九年（寛政一一年）、その前年に現在の北海道、東蝦夷地への陸路を開いた近藤重蔵《じゅうぞう》が再び蝦夷地に派遣され、徳川幕府の命を受けて幕府の雇われ船頭となった高田屋嘉兵衛に、北海道の東（北方四島近く）にある厚岸で昆布の宝庫である択捉《エトロフ》航路の開拓を依頼した。その結果、高田屋嘉兵衛がエトロフ島への航路を発見して、エトロフ島に航行して前進基地を建設し、エトロフ航路を確立した。こうしてわれわれにとって北海道の昆布の宝庫が、日本人のものになった。現在も、和食のあらゆる味付けに欠かせない昆布の九五％は北海道産である。これは、江戸時代最大の北前船豪商と呼ばれた高田屋嘉兵衛の出世物語として、最も有名な話であり、北海道東部は、ようやくこうして日本人が船を進める海域となったのである。

そして翌一八〇〇年（寛政一二年閏四月一九日）、伊能忠敬が奥州街道から蝦夷地の測量に着手し、五五歳で内弟子三人、荷運びとしての下僕二人が同行して江戸を発ち、第一次蝦夷地測量に出発した。歩き続けた一行は、ほぼ半年をかけて江戸に帰着し、蝦夷地までの試測に成功したのだ。これまでの蝦夷地の探検はいずれも海路からの探索が主体であったが、伊能忠敬の目的は地図作成にあったので、北海道南部の陸路を踏破して正確な測量をおこない、地形図を作成したという意味で、画期的な調査測量であった。こうしてまた、有名な伊能忠敬測量隊による日本の全国地図完成に第一歩を踏み出したのだ。

したがって、一九世紀（一八〇〇年代）に入るまで、北海道東部と、下北半島について、大津波のことも、大地震のことも、まるで現地の古文書《こもんじょ》の記録が日本にはない。ほとんど体系的な資料と知識がなかった土地である。

さらに明治維新の戊辰《ぼしん》戦争に敗れた会津藩が、その当時、人跡未踏とされる下北半島に追いやられて、斗南藩《となみ》を設立し、艱難辛苦をなめた物語は、史家の誰もが知る史実である。言い換えれば、過去の自然現象（津波や地震の被災）について、ほとんど書かれた文書としての資料がなく、調査されなかった危険な空白域、それが現在、六ヶ所再処理工場のある下北半島だったのである。

電力会社や日本原燃は、地震学や地質学の素人集団である。ほとんどまともな調査もせずに、「建設」を決定してから地質調査をするほどの無責任な人間たちである。

学者の人たちは、今もって、なぜこうした警告を強く出してくれないのだろうか、という疑問を平川教授に尋ねると、実際に平川教授は過去におこなってきた大量の現地調査ノートの束を出して、「これだけ調べてきましたよ。しかし学会では、ほとんど発表できません。口頭での学会発表はできても、こうした調査地点一ヶ所一ヶ所の結果は、まとまった論文になりにくいからです。そういう意味で、モデルのような研究のほうが、注目されることが多い。二〇〇四年にインドネシアのスマトラ島沖で巨大津波が起こって初めて、国は北海道の千島海溝沿いの巨大津波について、特別に五〇〇年間隔地震・津波として検討し始めたのです」という。

国はこれまで、北海道の南の海域から下北半島におよぶこの一帯の巨大津波について何も調査していなかったも同然だというのだから、結論は「六ヶ所再処理工場は危ない！」となる。再処理工場の即時閉鎖しか、道はない。

再処理工場とは何をする工場か

再処理工場とは、具体的には、何をするところであろうか。

日本全土の原発では、ほぼ一年に一度運転を停止して、ウラン燃料を新しいものに交換する。この時に出てくる使い古した「使用済み核燃料」に、高レベル放射性廃棄物がぎっしり詰まっている。それを、発電所の貯蔵プールで一定期間冷却して、放射能が下がるのを待つ。福島第一原発の４号機で爆発が起こったのは、津波による電源喪失によって、この使用済み核燃料が冷却不能になったためである。

その初期の冷却を終えたあと、電力会社の子会社である原燃輸送が、キャスクと呼ばれる専用の輸送容器に収納して、原子力発電所の港まで陸上輸送し、運搬船（開栄丸・六栄丸）に積み込んで、青森県六ヶ所村に輸送する。しかし使用済み核燃料は、死の灰の内部から出る崩壊熱によって永久に発熱する物体なので、六ヶ所再処理工場に到着してからも、絶えず危険性を抱えている。

運搬船が六ヶ所村むつ小川原港に到着すると、岸壁のクレーンを使って、キャスクを運搬船から輸送車輌に積み替え、再処理工場まで陸上輸送する。この使用済み核燃料は、「仮置き場」に運ばれ、そこから水路を通って、核燃料が水から顔を出さないよう、巨大な本貯蔵プールの水中まで運ばれ、さらに放射能が下がるのを待ってから、再処理工程にかけられる。

ここには、特に大きな問題として、五つの大きな危険性がある。

第一は、溶剤が引き起こす化学爆発。

第二は、プルトニウムなどの核分裂性物質が暴走する臨界爆発（核爆発）。

第三は、プールで保管されている使用済み核燃料が引き起こす末期的大事故。

第四は、分離された高レベル放射性廃液が引き起こす末期的大事故。

第五は、再処理中の日常の大量放射能放出。

再処理とは、第二次世界大戦中のマンハッタン計画によって、原爆材料のプルトニウムを抽出するために、アメリカが北西部ワシントン州のハンフォードに工場を建設してから地球上で始まり、ここで取り出されたプルトニウムが長崎に投下された原子爆弾の原料となった歴史を持つ、悪名高い化学工場である。そしてハンフォード再処理工場の周辺では、広大な近隣地域に対して放射能汚染が拡大して、現在まで数々の健康被害問題を起こしてきた。

なかでも一九七六年八月三〇日には、このハンフォード再処理工場で、溶剤の濃硝酸による化学爆発が起こり、その一〇年後の一九八六年九月二九日には、プルトニウムが臨界量を超えて一ヶ所に集積されそうになり、核爆発寸前で食い止める事故が発生したのだ。さらに一九九七年五月一四日にも、プルトニウム回収プラントで化学タンクが爆発するなど、とてつもない危険な操業をくり返してきた。

このように、どこをとっても原子力発電所とは比較にならないほど危険であるにもかかわらず、後発のわが国には、まともな再処理技術さえないため、プラントの設計自体が、フランスに頼ってきた。

主な処理工程は、以下の通りである（次の見開き図5）。

まず最初に、使用済み核燃料を細かく切断してから、溶解槽の中で濃硝酸を用いて溶かす。この段階では、核燃料を包んでいた被覆管のジルコニウム合金は溶けずに、ウラン、プルトニウムと、核分裂生成物（セシウム、ストロンチウムなどの高レベル放射性廃棄物＝死の灰）が溶解して、液体となる。ここで簡単に「溶かす」というが、コーヒーに砂糖を溶かすのとは違う。核燃料は、酸化ウランを一七〇〇℃という高温で焼結したペレットなので、瀬戸物の陶器と同じようなものである。それを溶かすための、強烈な濃硝酸による溶解作業である。したがって、溶解槽や配管は、絶えず濃硝酸による腐食作用を受けている。こうして、燃料被覆管が取り除かれる。

次に、高レベル放射性廃棄物とウラン、プルトニウムを分離するため、次のように危険な化学処理がおこなわれる。

ウラン、プルトニウムと、核分裂生成物（死の灰）が溶けた濃硝酸溶液に、有機溶媒の燐酸トリブチル（TBP）を加える。この段階で、ウランとプルトニウムだけが有機溶媒に溶け、死の灰は硝酸に溶けた状態になる。ここで、硝酸と有機溶媒は比重が違うので、二層に分離され、燃料（ウランとプルトニウム）と高レベル放射性廃棄物が分離される。取り出された高レベル放射性廃棄物は、ガラス固化工程に送られる。

これらの工程で使われる硝酸HNO_3は、爆薬の原料である。ダイナマイトの原料となるニトログリセリン$C_3H_5(ONO_2)_3$は、グリセリン（アルコールの一種）と硝酸と硫酸により製造される。つまり硝酸と有機物の混合は最も危険な工程である。再処理で有機溶媒の燐酸トリブチルと混合されるこの工程は、常に化学爆発の可能性を秘めている。一九九三年

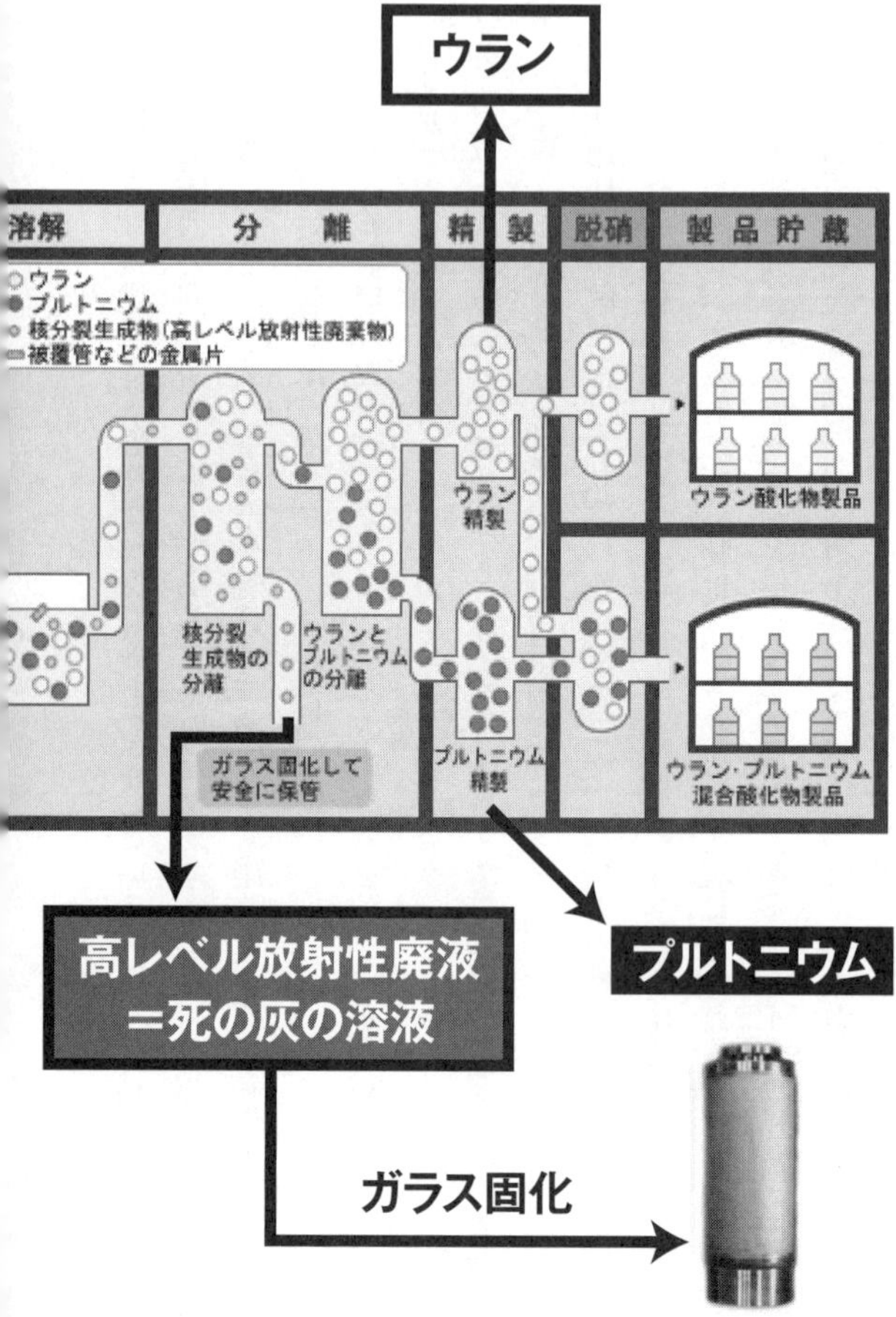
ウラン
溶解
分　離
精　製
脱硝
製品貯蔵
ウラン
プルトニウム
核分裂生成物(高レベル放射性廃棄物)
被覆管などの金属片
ウラン精製
ウラン酸化物製品
核分裂生成物の分離
ウランとプルトニウムの分離
ガラス固化して安全に保管
プルトニウム精製
ウラン・プルトニウム混合酸化物製品
高レベル放射性廃液
＝死の灰の溶液
プルトニウム
ガラス固化

(日本原燃の資料などを基に作成)

図５　六ヶ所再処理工場の全工程図

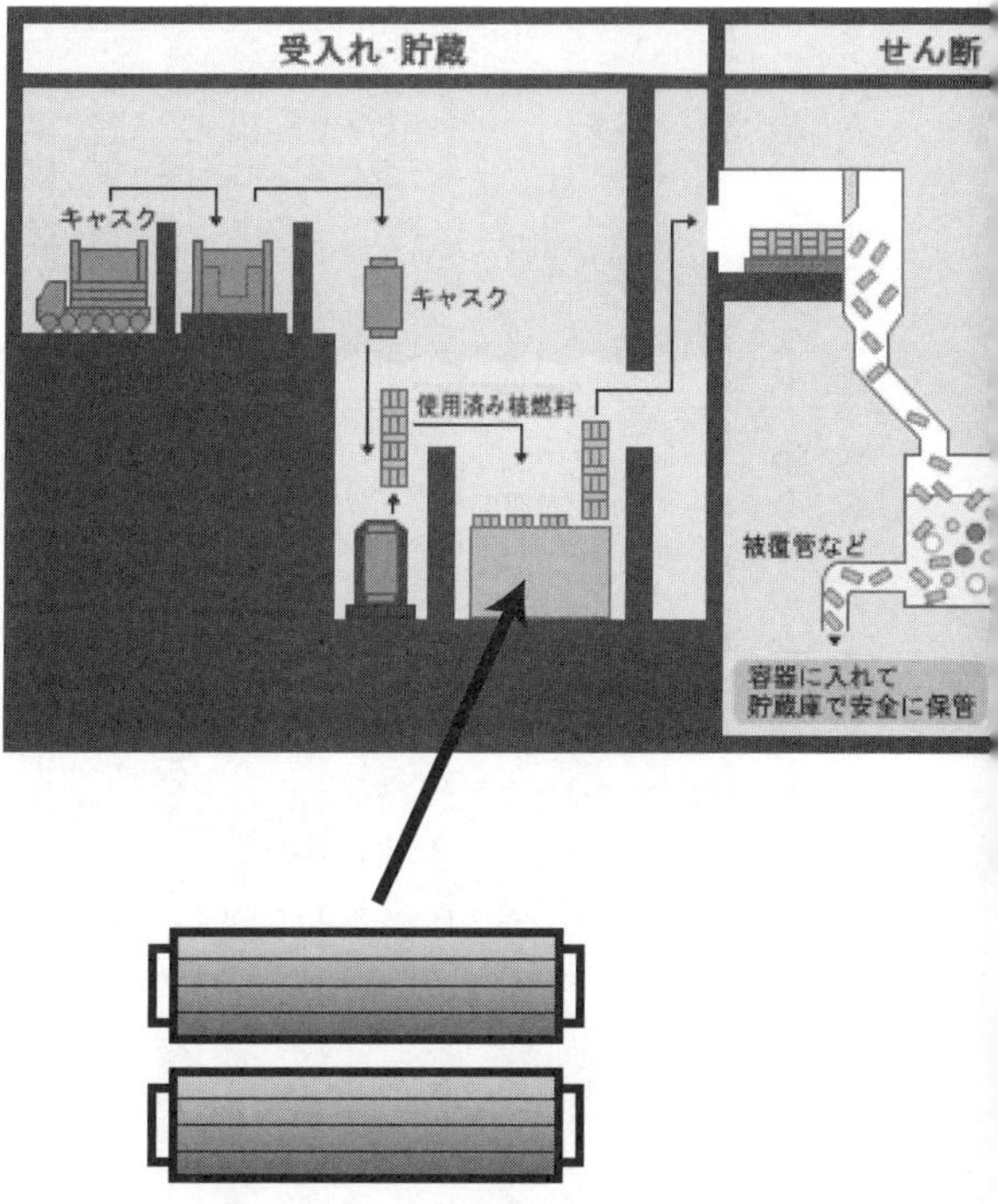

四月六日、ロシアの再処理工場トムスク7で起こった爆発事故が、まさにそれを実証したのである。

抽出された高レベル放射性廃液は「高レベル廃液濃縮缶」で加熱し、水分を蒸発して濃縮してから、ガラス固化工程に送られる。この濃縮缶はA・Bと二基あるが、二〇一〇年にBに腐食が起こり、漏洩事故が起こっていたことが発覚した。この原因は、溶解度の低い成分の化合物が析出して底部にたまり、廃液の対流を妨げて内部の温度上昇をもたらしたためと推定されている。これまで計画されてきた本格操業では、一層多くの不溶解成分を含むので、将来のガラス固化は、ほとんど絶望的である。

このガラス固化をする溶融炉では、図6のように、上から高レベル廃液とガラス原料を入れて、左右の電極から電流を通じ、ニクロム線と同じように電気抵抗を利用して加熱溶融する方法を日本は採用した。フランスでは、電子レンジ方式の高周波加熱を採用してガラス固化をしているのに、日本がなぜパン焼きのオーブン方式を採用したのか詳細は不明だが、フランスから独立した技術を持とうとしたことが動機であると推測される。

放射性廃液には、核分裂で生まれたありとあらゆる物質が含まれているが、そこには白金族の金属も含まれる。白金族には、指輪などに使われる貴金属のプラチナだけでなく、

図6　ガラス固化溶融炉

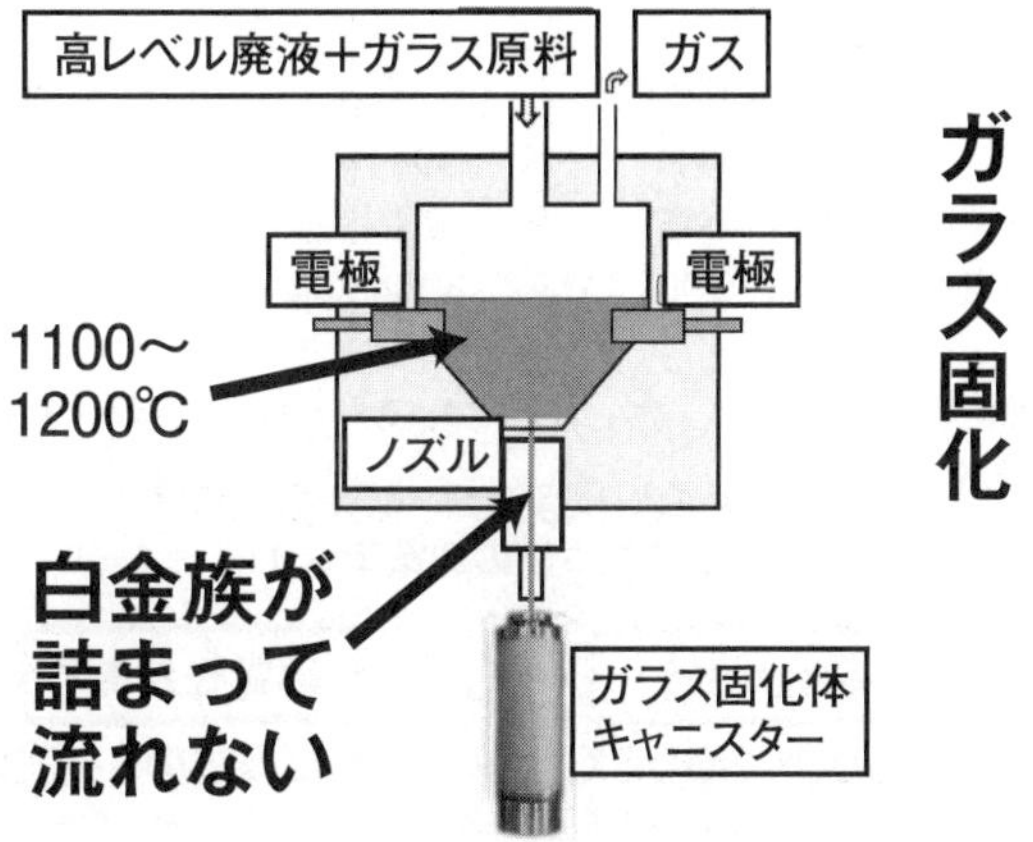

ルテニウム、ロジウム、パラジウム、オスミウム、イリジウム、白金（プラチナ）の六種類の金属があり、その物性をおおまかに示すと次頁の図7の通りで、このように融点が一五〇〇～三〇〇〇℃と高く、ニクロム線に比べて九～二〇倍の導電性がある。つまりオーブンのように電気抵抗を使って加熱しようとしても、電気を通してしまうので加熱されないし、融点が高いので融けない、という性質を持っている。

再処理とは、硝酸のように強い酸の化学溶液を使って、放射性廃液中の物質を選択的に溶かして分離する処理だが、白金族は貴金属であるから、硝酸にも溶けない。そのため金属状態であるから、比重が重くて

図7　白金族の物性

	ルテニウム	ロジウム	パラジウム	オスミウム	イリジウム	白金	銀	銅
	Ru	Rh	Pd	Os	Ir	Pt	Ag	Cu
原子番号	44	45	46	76	77	78		
融点℃	2310	1966	1552	3054	2410	1772		
導電率 10^6/m·Ω	13.0	21.2	9.2	11.4	19.6	9.4	63	59

温度によって変化するので概略値
（ニクロム線の導電率≒1）

融点が高い　1500〜3000℃

導電性がある　ニクロム線の9〜20倍

融点は『化学便覧 基礎編 改訂5版』（日本化学会編、丸善）2004年発行

沈む。しかも導電性があるので、電流を通じても加熱されず、融点が高いので融けない。かくして白金族が、溶融炉の出口の細いノズルに詰まって流れないという、予想した通りの経過をたどって、まったく処理不能となったのである。この程度の知能レベルで再処理しようとすることが、日本の原子力産業には無理なのである。

そして運転するとストップ、運転するとストップ、をくり返し、二〇〇八年一〇月二四日に白金族が堆積して末期的状態に陥り、その時、この事業者である日本原燃は、何と棒を突っこんで、ノズルの穴を突っつくという、狂気のような作業をしたのだ。その結果、突っこんだ攪拌棒が抜けなくな

り、危険なので近寄ることもできず、内部で何が起こっているかも分らず、仕方なしにテレビカメラで観察したところ、棒がひん曲がっていることが判明した。さらに炉の耐熱材として使われている六キログラムもあるレンガが落下して、ノズルのところに落ちこんでいることが判明した。

こうして固化することもできないまま、すでに二四〇立方メートルの廃液がたまってしまったわけである。これは、一辺が六・二メートルという巨大なサイコロの容積である。高レベル放射性廃液は、強い放射線を出して水を分解し、福島第一原発の1〜3号機を吹き飛ばした爆発性の気体「水素」を発生しているのだ。絶えず冷却して、完璧な管理をおこなわないと爆発する超危険な液体だというのは、そうした理由からである。

さて、これとは別の工程で、当初の目的であるウランとプルトニウムの溶液に、さらに高濃度の硝酸を加え、プルトニウムを抽出しなければならない。そのあと、ウランとプルトニウムのそれぞれが別工程で、高純度に精製される。しかし、核暴走しやすい核兵器材料のプルトニウムが「原爆化する臨界事故」の危険性が、ここでの最大の懸念である。

総じて、再処理工場のすべての工程は、綱渡りのような化学処理である。

再処理工場で最もこわいのは、日常の放射能放出と、大事故による日本国土の壊滅である。この工場が大事故を起こせば、一瞬で地球規模の大汚染となる。

六ヶ所再処理工場では何が事故原因となり得るか

こうした事故のきっかけになると、誰でも予想できるのが、地震による揺れの一撃で、福島第一原発のように配管が破損するおそれである。また、津波を浴びて水没することによって、電源がまったく失われて完全停電に陥り、工場が末期的な事態に突入するおそれである。先に述べたように、すでに昨年（二〇一一年）の地震で、重大なその危機を二度も経験しているのだから、身の毛がよだつ思いがする。

それを考えた場合、まず六ヶ所再処理工場で、放射性物質が通る配管の総延長が一五〇〇メートルではなく、一五〇〇キロメートルもあるという事実が、最大の脅威であることは、誰にでも想像できるはずだ。東京〜青森が六〇〇キロメートル。下北半島北端の尻屋崎〜本州西端の山口県下関を直線で結んだ距離が一二五七キロメートル。それより長いパイプが、強烈な硝酸の腐食作用を受けて、どこにも欠陥が生じないということは考えられない。加えて、この配管の接続部分が四万ヶ所もある。

ということは、溶接によって接続されているから、地震の揺れによって最も破壊されやすい配管破断の危険性を、山のように内蔵する工場だということになる。

再処理施設の高レベル廃液貯槽（次頁の図8）では、電力を供給するすべての機能が失われると、崩壊熱を除去できなくなり、水素の滞留を防ぐ機能も失われ、高レベル廃液の液温が急上昇して、貯槽内の水素濃度の上昇が始まる。そのまま事故が進行すれば、一気に水素爆発に向かってゆく恐怖がわれわれの頭を去らない。

東日本大震災後も、日本原燃は、崩壊熱の除去については、敷地内の貯水槽などから消防車などを用いて冷却設備へ注水する体制を一年程度かけて整備する、とのんびりしたことを語って、現在はその注水設備がない始末だ。

非常用ディーゼル発電機は、電源のバックアップとして、常に二台動かせる状態としているが、定期点検などで一台が使用できない場合でも、二台動かせる状態を確保できるよう、詳細設計が終了後、四年を目標に、非常用ディーゼル発電機を追加配備するという。これまた現在は対策がないことを白状している始末だ。おいおい、大地震が四年も待ってくれるという保証がどこにあるのだ。

このように、日本原燃の電源対策とは、外部電源の系統や非常用ディーゼル発電機の台数を増やすことでしかない。大地震や大津波では、それらが何台あろうとも、一度に全滅

図８　高レベル放射性廃液の貯槽の図面

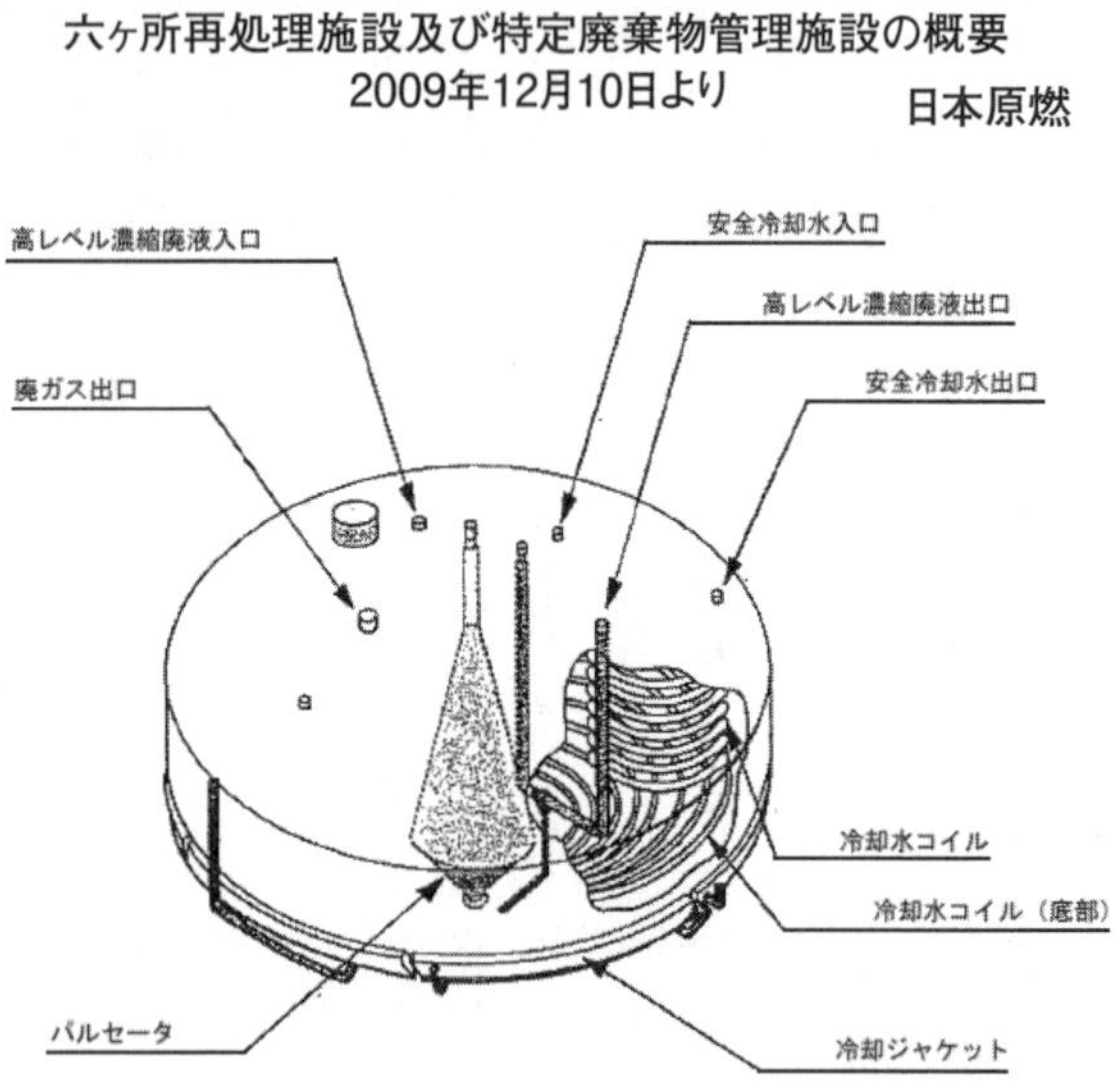

六ヶ所再処理施設及び特定廃棄物管理施設の概要
2009年12月10日より
日本原燃

するというフクシマ事故で体験した悲劇を、まったく考えていない。地震がどれほどこわい現象であるかを認識していない、驚くべき「安全論」に日本人の全生命が乗っているのである。

三〇〇〇トン近い使用済み核燃料を抱えたまま、再処理不能になっている燃料貯蔵プールは、また別の危険性を教えている。日本原燃の「使用済燃料貯蔵プールにおける注水による冷却機能回復」という説明によれば、「プール水は蒸発するが使用済燃料の露出には至らない」、「沸騰まで二〇日程度」と気休めを書いている始末だ。二〇〇三年八月六日に、日本原燃が保安院に提出した報告書によれば、再処理工場プールで水漏れを起こした原因を調べたところ、不良溶接は二九一ヶ所にも達することが発覚しているではないか。このプールは、べコベコのステンレス板を表面に貼り付け、溶接しただけのものだから、大地震の揺れが襲えば、一撃で壊れてしまい、大量の水漏れを起こすおそれが高いのだ。

二〇〇九年一月二一日には、ついに六ヶ所再処理工場の高レベルガラス固化建屋で、溶融炉へ高レベル廃液を送る二本の配管から、大量の高レベル廃液が漏洩する重大事故が起こった。しかも漏洩中に、頻繁に警報が鳴っていることに気づかず、このような高レベル廃液の漏洩は、法令報告対象ではないという、信じがたい管理体制であった。

いよいよ迫り来るこうした大事故に備えて、現地の六ヶ所村では、全戸の家庭用テレビの専門チャンネルを通して、「災害の一報」などを確認できるシステムを整備したという。とりわけフクシマ事故後の二〇一一年四月からは、緊急時にアラームが鳴る専用テレビに切り替えることになった。事故発生時の前線基地「オフサイトセンター」を六ヶ所村と東通村に設置し、経済産業省職員の「原子力防災専門官」が常駐して、万一に備えている。つまり、すでに恐怖の大事故が予測される状態にあるというのだから尋常ではない。

このような非常態勢をとりながら、工場の閉鎖に踏み切らない日本という国家は、普通の人間の感覚から考えて、正気の沙汰ではない。

どこをとっても、何の対策もないまま、なぜこのように技術的にも無能の集団が、最悪の工場を操業してきたか。その答は、簡単である。日本原燃という企業は、実は、福島第一原発メルトダウン事故を起こした〝あの東京電力〟の分身だからである。

再処理工場を建設するため六ヶ所村に白羽の矢を立てたのは、東京電力の社長・会長を歴任し、電気事業連合会会長、経団連会長として核燃料サイクル建設を主導した平岩外四（故人）である。そしてフクシマ事故を起こした東京電力会長の勝俣恒久が、日本原燃の取締役会長をつとめてきた。

東京電力取締役としてフクシマ原発を担当してきた兒島伊佐美《こじまいさみ》が、二〇〇四年から六ヶ所村の日本原燃社長に就任して、ガラス固化不能の末期的な事態を招来したのである。またフクシマ事故を起こした当時の東京電力社長の清水正孝も、勝俣の後を継いで日本原燃会長をつとめてきた。そして二〇一二年現在の日本原燃社長もまた、東京電力の取締役理事だった川井吉彦である。

彼ら経営者によって選ばれた人材が、技術的にほとんど無能者ぞろいである事実は、現在の東京電力の実態を見れば、誰にでも分るはずだ。このように、原子力について、化学反応について、地震について、津波について、放射能について、まったく無為無策の人間をかき集めた日本原燃という企業の存在自体が、われわれ日本人全体にとって、脅威となっているのである。

六ヶ所再処理工場を閉鎖するための手段

これほど危険な、絶望的な工場が、なぜ閉鎖されないかといえば、日本全土の電力会社にとっては、六ヶ所村がわが国で唯一の「高レベル放射性廃棄物の捨て場」だからである。ここの門が閉鎖されると、全国の原子力発電所から発生する使用済み核燃料の送り先がなくなり、いずれは原発の運転をストップしなければならなくなる。

ところが、再処理不能になった現在では、計画が狂って、六ヶ所村のプールが満杯になってしまい、すでにその事態に追いこまれたというのが、すべての電力会社の苦悩になっていた。そこにフクシマ事故が起こったため、日本全土の原発が次々と運転停止に追いこまれ、皮肉にも電力会社は、この問題について小休止できる状態にある。

核燃料サイクルによってプルトニウムを再利用するというストーリーは、電力会社に飼われた科学部記者たちが書きなぐるデタラメ記事の文面であって、事実とはまったくかけ離れている。

もともと一九九四年に建設計画が打ち出された当時、六ヶ所村には、再処理工場だけを建設する計画であった。ところが、海外のフランスとイギリスに使用済み核燃料を送って問題を先送りしてきた電力会社は、両国の再処理工場から生じた高レベル放射性廃棄物を引き取らねばならず、計画になかった「海外からの返還高レベル放射性廃棄物の受け入れ先」を六ヶ所再処理工場に決めてしまい、その後は、ありとあらゆる放射性廃棄物を集める〝死の灰の墓場〟と化してしまったのが、下北半島六ヶ所村である。したがって、下北半島には、ウラン濃縮工場、低レベル放射性廃棄物最終処分場、海外返還高レベル放射性廃棄物貯蔵庫、使用済み核燃料貯蔵プール、再処理工場、東通原発、使用済み核燃料中間貯蔵施設（むつ市に建設中）、MOX燃料加工工場（二〇一〇年建設着工）と、すべての危険物が集まってしまったのだ。いまここにないのは、全国を物色しても候補地が見つからない「高レベル放射性廃棄物の最終処分場」だけである。しかし、下北半島に集められてきた放射性廃棄物を引き取る自治体は、将来も絶対に現われないので、実質的にはすでに下北半島が「最終処分場」と化している。これが、既成事実である。

このように、一ヶ所に危険物を集めることが、どれほどおそろしいことであるかを実証したのが、福島第一原発メルトダウン事故でわれわれが目撃した連続爆発であった。下北半島では、このすべてのプラントが、至近の距離にあり、みな同じ外部電源（送電線）に頼っているため、その電源が大地震などによって途絶えると、同時に大事故に巻き込まれるおそれが高い。

先の平川教授によれば、「尾駮沼の北側、海岸から約二・五キロメートル地点から始まるウラン濃縮工場は、それこそ台地の中に小さな谷があり、砂丘も乗っていて、海岸からかなりスムーズに津波が達する可能性がある」という。この工場は、一九九二年に運転を開始したが、一九九四年一二月末の三陸はるか沖地震では、内部がかなり破壊され、危険な状態に陥った。そして二〇〇〇年に、生産ラインを構成する遠心分離機の停止台数が増え続け、その後はほとんど操業できず、今や廃墟同然となっているが、危険物を大量に抱えている。ウラン濃縮工場が津波の直撃を受けやすいなら、全国からドラム缶を集めて地下浅くに埋めている低レベル放射性廃棄物埋設センター（最終処分場）は、それより尾駮沼に近いので、もっと危ないのではないかと平川教授に尋ねると、「この一帯は谷地形になっているので、津波が遡上・浸水する可能性はきわめて大きいと考えられる。ともかく、直ちに津波履歴の調査が必要だ」という。下北半島は、すべての施設が危ない。

とりわけ再処理工場は一刻も早く、燃料プールから、使用済み核燃料を取り出して、厳重な安全対策をほどこした金属製キャスクに移し替え、できるだけ海岸線から遠い場所に保管することが、原子力産業と全国会議員に求められている。このキャスクの設計については、次章の最後「廃炉後の使用済み核燃料の厳重保管」でくわしく述べる。

同時に、タンクに貯蔵されている高レベル放射性廃液もまた、爆発する前に、急いで対策をとらなければならない。この廃液を、百パーセント安全に管理できる高度な技術は、にわかに思いつかないが、たとえば大量の不純物を混入して、汚泥のようなスラッジ状に変えるか、できれば固体に近い形にして、当面、爆発しにくい状態にはできるはずである。しかしそれを充分な冷却状態に保つには、新たな知恵と技術が必要になる。

この対策は、化学反応に無知無能な原子力工学の物理系専門家に任せるのではなく、商業プロの化学工学の専門家を動員して、至急おこなうべきである。化学プラントを知らない原子力専門の大学教授に任せてはいけない。

日本全土の大半の正常な市民と自治体は、居住地域に近い〝わが町〟の原発の廃炉のために、現在すでに膨大な人たちが活動しておられる。心からの敬意を払いたい。だがその人たちの総力は、同時に、六ヶ所再処理工場の完全閉鎖にも向かって大声をあげ、集中してゆかなければならない。これが、「火を噴こうとしている第二のフクシマ」の中でも、筆頭に挙げられる最も危険なプラントであり、これを閉鎖することが日本人生き残りの必須条件だからである。また同時に、原子力産業にトドメを刺す最終目的地がここにあることを、肝に銘じていただきたい。

地元に近い原発がすべて運転停止しても、六ヶ所再処理工場がある限り、われわれの生命・生活・財産・産業維持の保証にはならないからである。

さて、「第二のフクシマ、日本滅亡」から生き残る道の一、六ヶ所再処理工場を閉鎖したら、次は、全土の原発の廃炉に取りかかろう。

第二章　全土の原発の廃炉断行と使用済み核燃料の厳重保管

この章では、六ヶ所再処理工場の閉鎖に続いて、全土の原発の〝即時廃炉〟断行について、すでに日本の良識の大半が認識していることを、理論的にまとめておきたい。

原発を保有する九つの電力会社はいずれも、福島第一原発（フクイチ）メルトダウン事故を体験し、自分たちの落ち度によってこれほど国民生活に深刻な放射能の被害を与えていながら、いまだに原発の再稼働を目論むという、信じがたいほど危険な、反省のない人間集団である。メルトダウン事故が教えた山のような教訓さえ学ぼうとせず、この大事故のビフォー&アフターで、まったく進歩のかけらも見られない。電力会社の幹部の中で、ただの一人も、原発を廃絶した未来像を提唱していない。この一事をもってして、もはや原発の再稼働などは、論外である。

福島第一原発メルトダウン事故が教えた決定的教訓

すでにフクイチ事故が起こる前から、原発が秘めた〝大事故〟の可能性は濃厚だったが、フクイチ事故のあとには、〝次の大事故〟の可能性はさらに高くなっている。二〇一一年に体験したメルトダウン事故によって得られた重大な教訓は数々あるが、そのうち、次の原発大事故に直結すると思われる特にポイントとなる事柄を以下に列挙して、危険性を論証しておきたい。
①原子炉には、放射能漏れを防ぐ壁がない。
②メルトダウン事故に突入するスピードはきわめて速い。
③日本の原子力専門家には大事故を防ぐ計算能力がない。
④小さな地震の揺れでも配管が破損する。
⑤日本では地震の活動期が数十年間続く。世界的にも大地震が予期される。
⑥津波の威力・破壊力は人智を超える。
⑦原発事故には対策が存在しない。
⑧フクイチの事故は収束できる見込みがない。
⑨原子力安全・保安院はメーカーOBの欠陥集団である。
⑩電力会社と自治体と国政は腐敗連合を形成してきた。
⑪フクイチ事故の現場からは、トテツモナイ量の放射能が放出された。
⑫フクイチ以外の原発も危機一髪のところギリギリで助かった。

前記の項目を、以下に順次、論証しておく。

①原子炉には、放射能漏れを防ぐ壁がない。

原子力発電所には五重の壁があると喧伝されてきたが、これは、もともと真っ赤な大嘘である。原発が運転中に、ウランが核分裂している原子炉（圧力容器＝炉心）の周囲には、事故の時の放射能漏れを防ぐための壁として「格納容器」が存在していた。

だがフクイチでは、東北地方太平洋沖地震発生と同時に制御棒が挿入され、ウランの核分裂反応はストップ（スクラム）しても、大地震が発生した直後に、場所は不明だが原子炉につながる配管の一部が破損して、そこから水と水蒸気が抜け始めたと考えられる。

そして炉心の水が噴出してゆくという最悪の「冷却材喪失事故」に至り、ウラン燃料が水から顔を出してしまった。そのため、燃料に含まれる核分裂生成物（死の灰）が出す大量の崩壊熱によって、炉心内が高温の灼熱状態となった。結果、ウラン燃料が溶ける炉心溶融事故に突入したのである。さらに、燃料棒の束（燃料棒集合体）がドサッと崩れ落ちるメルトダウンに向かった。

この時点で、原子炉内には猛烈な勢いで、高温の水蒸気と、放射性物質のガスと、水素ガスが発生していた。というのは、ウラン燃料のペレットを包んでいるジルコニウム合金が酸化を始めて、炉内の水と水蒸気から酸素を奪ったため、炉内には一気に大量の爆発性のガス、水素が発生したからである。

この大量のガスが、配管の破損部分から最後の防壁「格納容器」に一気に噴出・流入し、格納容器がパンパンにふくらみ、耐圧のほぼ二倍という危険な状態に陥った。格納容器の内部には、窒素が充満してあったので、ここでは水素爆発は起こらなかった。その時、現場のオペレーターたちが格納容器の破壊を食い止めるために採ることができた唯一の手段は、格納容器の配管に設置されている圧力逃し弁（バルブ）を開いて、福島県の大気中に圧力を逃がし、内部のものをすべて放出することしかなかった。空気を換気することをベンチレーション（ventilation）というが、これが、新聞とテレビで何度も報道された「ベント（vent）」という放射能大量放出作業であった。

つまり、原発が末期的な炉心溶融事故に突入すれば、必ずこのベントによって、炉心の放射能をすべて人間の住む世界に噴出させるという作業をしなければならない。原発の設計者は、外部に放射能が漏れないように「格納容器」という巨大な容れ物を設計したはずだが、放射能漏れを防ぐその鉄の壁（最後の防壁）に穴をあけて配管をつなぎ、逃がしバルブをつける、というまったく矛盾した構造になっていた。底が抜けたバケツのような装置、それが、原子力発電所の放射能漏れ防止メカニズムだったのである。この放射能漏れ対策の無防備は、「すべての原子炉」において同じである。フクイチのような沸騰水型の原子炉ではなく、加圧水型の原子炉においても、一九七九年にアメリカで起こったスリーマイル島原発の炉心溶融事故と、一九九一年に関西電力の美浜原発2号機で蒸気発生器の伝熱管が破断し、緊急炉心冷却装置（ＥＣＣＳ）が作動したギロチン破断事故で、いずれも、炉心の放射能を含む水蒸気を大気中に噴出したのは、そのためである。

こうしてフクイチでは、地震発生翌日、三月一二日から、ベントによって、大量の放射能を福島県上空に放出し始めた。原子力産業は、「放射能は一〇万年間、容器に封じこめて、人間から隔離された地下で安全に保管します」と言い続けてきた。その封じこめておかなければならない危険物を、人間の住む、われわれの美しい日本の大自然の上に、木々の上に、湖の上に、田畑の上に、平然と自分の手で噴出させ始めたのだ。

この放射能汚染の範囲は、1号機の爆発直後「少なくとも一〇〇キロ圏はすぐに全員が避難を開始すべきだ」と私がマスコミ取材に対して強く求めたより、はるかに広大な範囲に拡大した。ところが原子力安全委員会が定めていた「原発事故防災重点区域（ＥＰＺ）」の範囲は、原発からわずか八〜一〇キロという狭い範囲に限定していたため、近隣住民の避難が遅れ、加えて原子力関係者と政治家は、誰一人として、その被曝を減らす手段を講じなかったため、膨大な数の人間が大量被曝する結果を招いた。

②メルトダウン事故に突入するスピードはきわめて速い。

原発の安全性確保のために検査を担当し、事故解析をおこなって安全対策を講じる専門家集団と称する原子力安全基盤機構（ＪＮＥＳ）が、今回の〝フクイチ事故前〟に想定していた最悪の大事故を解説した動画がある（http://eco.nikkeibp.co.jp/article/report/20110622/106729/?P=2）。それによれば、フクイチ1～5号機と同じ沸騰水型原子炉（格納容器ＭａｒｋⅠ型）での事故経過は、「配管破断」が起こった場合、事故からおよそ三〇分後には中心部から炉心溶融が始まり、およそ一時間後には、燃料棒が崩れて原子炉の底に落ち、メルトダウンに至ると予測されていた。メルトダウン事故に突入するスピードはきわめて速いのである。ＪＮＥＳによれば、原子炉の底は、厚さ一二～一五センチの鋼鉄製だが、メルトダウン後は、灼熱状態となった高温の燃料がグシャグシャと落下して底にたまるので、事故発生からおよそ三時間後には、燃料が鋼鉄製の底を抜いて、貫通して格納容器に落下し始める。そしてさらに、格納容器を貫通して、その下にあるコンクリートの基盤を溶かしてゆく。

そして格納容器内部に高温のガスが立ちこめ、容器の上部にある蓋をボルト締めしてあるフランジ部分を高い圧力で押し上げ、原子炉建屋内のオペレーション・フロアに噴出し、やがて排気筒から人間の住む大気中に放射能が放出される。これが原子力推進論者たちの事故想定の解析であった。

フクイチ1~3号機では、いずれもこの解析のコースをたどって、メルトダウンが起こったと考えられる。ただしフクイチでは、こうして配管破断によって始まったメルトダウン事故に対して、さらに事態を悪化させる出来事が襲いかかった。地震発生後に核分裂を緊急停止したため、原子力発電所が発電しなくなり、唯一の頼りとなるのは外部電源であった。その外部電源を送る送電線が地震で倒壊して、全交流電源が喪失するという危険な事態に陥ったのである。さらに地震からほぼ一時間後には、フクイチの海岸に設置されていた一〇メートルの防波堤を破壊して大津波が襲いかかり、非常用ディーゼル発電機の燃料であるオイルタンクが津波で流失し、夜一〇時前には津波をかぶった非常用ディーゼル発電機がまったく作動しなくなった。配電盤などの配線系統も水を浴びて、電気系統がまったく使えなくなった。予備のバッテリーは八時間しかもたないものであった。こうして、所内完全停電（ステーション・ブラックアウト）と呼ばれる最悪の事態の中で、オペレーターたちが懐中電灯でコントロール・ルームのコンピューター機器を照らしても、何もできないという恐怖の中で、急速に事故が進行していった。

それぞれの号機によって、事故経過（時系列で見た事故の進行スピード）が異なるので、正確には、まとめて論ずることはできないが、おおまかな経過はほぼこの通りであり、その最後の部分だけがJNESの解説と異なっている。オペレーション・フロアに噴出したガスの中に、大量の水素が含まれていたため、何らかの原因によって引火、そこにあった空気中の酸素と反応して水素爆発が起こったのである。1号機は地震発生からほぼ一日後、3号機はほぼ三日後に、原子炉建屋を吹き飛ばす水素爆発が起こった。2号機ではその翌日早朝に格納容器の下部が破損して水素が抜け、格納容器の構造部分あたりで水素爆発が起こった。ほぼ同時刻に爆発を起こしたのが、4号機の使用済み核燃料プール周辺であった。2号機では原子炉建屋は吹き飛んでいないが、底が抜けているので、現在も最も危険な状態にあると考えられる。

③日本の原子力専門家には大事故を防ぐ計算能力がない。

以上の経過を見て、日本の原子力専門家には、いざとなった場合に大事故を防ぐ計算能力が、まったくないことが実証された。フクイチ内部で働く東京電力のオペレーターたちばかりでなく、当日現場にいた日立グループの一三〇〇人という大量の技術者たちも、テレビに登場した原子力の専門家と称する学者・解説者たちも、誰一人、この当り前の事故経過を予測して爆発を食い止めることができなかったし、東京電力に対して、急いで何をするべきかを、忠告できなかった。テレビに登場した解説者たちは全員、これが専門家かと疑われるような、デタラメの解説しかしていなかった。

私はかつて若い時代に技術者だった経験はあっても、もともと原子力とはまったく縁のない人間である。しかしそれでも、一九七九年に起こったアメリカのスリーマイル島原発事故で小さな水素爆発が起こり、アメリカの技術者たちが高度な計算をして最後の大爆発を食い止めた事実に学んでいたので、東日本大震災が発生した当日の深夜にはテレビ局からの取材電話を受けて、すでにフクイチの水素爆発が間近であることを予想していた。かつて、四国の愛媛県伊方原発近くに米軍の大型ヘリコプターが墜落して、あわや大事故寸前だった事故現場を調査したことがあったので、日本の原子炉建屋の屋根の部分が、地震時の天井破壊とコンクリート落下をおそれて弱くつくられていることを聞いていた。そのため、フクイチの屋根に鉄の玉を落下させて穴をあけ、水素を逃がすべきだと考えていた。

ところが、そうした緊急対策を一切とらないまま、現場では、1号機が爆発するに任せていた。さらに、この空前の大爆発を体験していながら、二日後にも、3号機が爆発するに任せていた。

信じがたい、原子力の素人集団が、原発という巨大な兇器を運転していることが明らかになった。

④小さな地震の揺れでも配管が破損する。

保安院（原子力安全・保安院）と東京電力、つまり田中三彦氏によれば刑事と泥棒が組んで、六月に国際原子力機関（IAEA）に提出した報告書では、この事故の原因をすべて津波による電源喪失に帰してしまい、地震の揺れによる事故の始まりを完全に無視している。JNESが事故想定したような配管破損はなかった、というシミュレーションで説明しようとしてきたのだ。地震でやられたのは、外部電源の送電線の鉄塔が倒れただけだ、としている。

田中氏が推定している配管破損の可能性が高い箇所は、原子炉内の水をぐるぐる回して、核分裂反応をコントロールする再循環ポンプの配管である。再循環ポンプは、一台が数十トンもの巨大な重量を持ち、これが原子炉からぶら下がるように宙ぶらりんの状態で設置されているからである。今回のように、長時間にわたって地震の揺れが続けば、再循環ポンプの配管がくり返しの応力を受け、容易に破断する構造を持っているため、フクイチ事故前からたびたび危険視されていた。ただし、フクイチ1号機は、運転開始からちょうど四〇年を迎えようとしていた原発なので、老朽化による配管破損の可能性も残っている。

地震の揺れによる配管破損の可能性を考える場合に知っておかなければならないのは、すべての原子炉が、異なる設計でつくられ、それぞれ異なる場所に設置されていることである。原子炉建屋を支える基礎地盤・岩盤も、施工業者も、機器の材質も異なる。運転開始からの老朽化の歳月が異なる。原子炉の型も、格納容器の構造も異なる。それだけでなく、襲ってくる地震波は、地震ごとにその大きさと波動特性が異なり、その波動を受ける場所によって、千差万別である。揺れの大きさ（加速度ガル）は、そうした地震特性の指標の一つにすぎない。Ｐ波（進行方向に対する縦波）とＳ波（進行方向に対する横波）の組み合わせは、基礎岩盤の密度の特性や、震源域からの距離と、動いた断層からの距離に左右される。そのため設計者は、原発の主な建屋と機器の固有周期（地震波の振動数）が異なることを考慮しながらも、コンピューターに一定の仮定条件を入れなければ高度な耐震性の計算ができない。特に、どの方向から地震波の波動が来るかということを仮定しなければ計算できないにもかかわらず、実際に個々の地震が発生してみなければ、その仮定（ベクトル）の正しさは分らない。すなわち、機械的強度と地震波の組み合わせは、ある日、ある原子炉で、ある地震によって、……の結果になったという偶然性に基づくのである。

問題は、そうした不確実な偶然性に、絶対に事故を起こしてはいけない原子炉を委ねてよいのか、ということになる。私はかつて原発の耐震性を議論するために、自分が設計者になったと仮定して耐震性の計算を試みたが、数々の壁があることに気づかされた。そして、順序立てて計算式の基礎を追ってゆくと、ほとんどの式が曖昧さと、論理的な間違いを含んでいることを知った。われわれは、たかだか今日の電気を得るために、このようなロシアン・ルーレットの上に生活を賭けてよいのか、という問題になる。

なぜ保安院と東京電力が、原子炉内部を見ることもできないまま、田中氏と、もと格納容器の設計者であった渡辺敦雄氏、後藤政志氏の三氏が鋭く指摘してきた「配管破損説」を確実な根拠もなく断定的に否定し、起こった可能性が最も高い事実を隠そうとし、非科学的な事故シミュレーションで説明しようとしてきたのか。

その理由は、当初からはっきりしている。一九九五年一月一七日に六〇〇〇人以上の命を奪った兵庫県南部地震（阪神大震災）が発生して以来、原発の耐震性に対する不信感が、国民のあいだに一気に高まり、ようやく二〇〇六年九月一九日に原発耐震指針が新しく改訂された。だが、指針改訂を担当した委員会のメンバーの一人である地震学者の石橋克彦氏が「これでは責任が持てない」として席を立ち、途中で辞任した通り、これは欠陥だらけの新指針であった。そしてこの新指針に基づいて原子力施設の耐震安全性の評価を実施し始めた最中、翌年、二〇〇七年七月一六日に新潟県中越沖地震が発生した。エネルギーとしては兵庫県南部地震のわずか六分の一程度、マグニチュード6・8のこの地震で、柏崎刈羽原発の至るところが破壊され、地盤そのものが傾き、至るところで建物の土台が大きく上下に変位してしまい、3号機の変圧器の火災が発生して電源が失われ、七基すべてがメルトダウンから爆発に至る寸前で、かろうじて最悪の事故を免れた。こうして新指針そのものの信頼性が再び大きく揺らいでしまった。かくして新たに原発の耐震性の見直し（バックチェック）が進行していた最中に起こったのが、福島第一原発メルトダウン事故であった。

つまり、この時点で、運転中の全土の原発五四基は、新指針に基づいて「耐震性に関しては絶対安全である」と認められていたのだから、田中三彦説を正しいと認めれば、すべての原発の耐震性の保証が完全に吹っ飛び、全基の即時停止を余儀なくされるからである。本書執筆中の現在もわずかな数の原子炉が運転を続けているが、これらは、耐震性に関して何の保証もなく動かされている。一二月八日に、国会に設置する事故調査委員会の委員一〇人が正式に任命され、石橋克彦氏と田中三彦氏がメンバーに入ったので、この問題の真実が初めて明らかにされる状況になると、翌九日に、事実の発覚をおそれた保安院が初めて「再循環系の配管が地震で壊れた可能性がある」ことを認めた。今後は、この事故調の報告が六月に出されて危険性が解明されるまで、フクイチ事故についての事実関係はまったく闇の中にあるから、保安院によるストレステストと原発再稼働などは、まったくの論外である。

畑村洋太郎を委員長とする政府の「福島第一原発事故調査・検証委員会」は原発のメカニズムについて素人集団であり、原発事故を招いた無能の推進学者が顧問役をつとめていたため、一二月二六日に発表した中間報告では、肝心の地震の揺れの影響についてまったく解析せず、報告書が出る前から分っていたことしか書かれていない無内容のものであった。地震破損説をテレビが正面から取り上げ、深く掘り下げてくれたのは、一二月二八日に放映されたテレビ朝日の報道ステーションスペシャル「メルトダウン5日間の真実」が初めてであった。

⑤日本では地震の活動期が数十年間続く。世界的にも大地震が予期される。

前記の原発耐震指針の重大欠陥に加えて、日本の原発すべてが危ないということを地球規模で示すのが、近年の続発地震によって記録されてきた揺れの大きさである。フクイチで記録された東北地方太平洋沖地震の揺れは、加速度五〇〇ガル前後、最大でも2号機の五五〇ガルという、比較的小さな数値にすぎなかった。東北地方太平洋沖地震は、東日本大震災を招く大型地震だったが、震源域は海岸線から一三〇キロメートルという遠いところにあったからである。それに対して、阪神大震災後の日本では、それに比べて、はるかに大きな地震の揺れが、下記のように、「普通の地震」で記録されてきた。この**五〇〇ガル**の数字と比較しながら、下記の数字を追っていただきたい。

※二〇〇〇年一〇月六日の鳥取県西部地震では、鳥取県日野町で観測史上最大の加速度**一四八二ガル**を記録。

※二〇〇三年七月二六日の宮城県北部地震で、宮城県鳴瀬町でそれを超える**二〇三七ガ**

ルを記録。
※二〇〇四年一〇月二三日の新潟県中越地震では新潟県川口町で**二五一五ガル**の観測史上最大を記録。
※二〇〇七年七月一六日の新潟県中越沖地震では、柏崎刈羽原発が大破壊され、3号機タービン建屋一階で**二〇五八ガル**の揺れを観測し、変圧器の火災を起こした。
※二〇〇八年六月一四日の岩手・宮城内陸地震では岩手県一関市内の観測地点で、上下動**三八六六ガル**を記録し、震源断層の真上では最大加速度**四〇二二ガル**が観測され、現在までのところ、これは観測史上最大の世界記録としてギネス・ブックに登録されている。
多くの地震学者が指摘しているように、日本は、戦後ほぼ半世紀続いた地震の静穏期をすぎて、地震の活動期に突入し、この危険な時期が今後数十年間は続くと考えられている。

したがって日本の原発は、相次ぐ普通の地震の直撃を受けただけで、大事故を起こすおそれがきわめて高い。その証明だけは、絶対に認めるわけにはゆかないという理由から、保安院と電力会社は、田中三彦説を闇に葬り、反論さえせずに無視し続け、嘘のシミュレーションによって全国民を欺いてきた。

しかしすでに、過去に地震が原発を直撃した実例が証明している通り、下記のように、いずれも設計者の想定を超える揺れを記録してきたのである。いずれも最近の出来事である（Mはマグニチュード）。

※二〇〇三年五月二六日　三陸南地震（震度6弱、M7・1）――東北電力・女川原発

※二〇〇五年八月一六日　宮城県沖地震（震度6弱、M7・2）――東北電力・女川原発

※二〇〇七年三月二五日　能登半島地震（震度6強、M6・9）――北陸電力・志賀《しか》原発

※二〇〇七年七月一六日　新潟県中越沖地震（震度6強、M6・8）――東京電力・柏崎刈羽原発

このように、わずか五年間に四回も各原発の設計用限界地震（およそ起こり得ないと考えられる地震に対する耐震性）を上回る地震が発生した。続いて、

※二〇〇九年八月一一日　駿河湾地震（震度6弱、M6・5）――中部電力・浜岡原発

地球がクシャミをした程度のマグニチュード6・5の小さな地震でも設計用最強地震を超え、国内最大出力の浜岡原発5号機の内部が破壊されたのである。

正常な神経を持ったエンジニアであれば、地球規模で続発する地震の大きな揺れと、耐震性の予測がまったく外れてきたこれだけの数字が示す実績を見ただけで、「世界一の地震国」日本の原発の大事故は間近にあると予測できたはずである。ところがフクイチ事故

を起こしてなお、これでも大事故は起こらないと主張して原発再稼働に向かって走り続ける電力会社は、科学的・工学的に公明正大な議論をすることさえできない危険な人間の集まりである。少なくともアメリカやヨーロッパでは、これほど重大な原発メルトダウン事故を起こしたような場合には、公正なデータを国民すべてに開示し、あらゆる分野の知識と意見を戦わせて、対策の有無を議論するが、日本の原子力産業は、事実の隠蔽によって、勢力の維持を図る。これでは、われわれ国民が、命を預けるに値しない。

加えて東日本大震災後は、日本列島の土台の岩盤であるプレートが相変らず激しく揺れ動いているばかりか、地震後の地殻変動図（次頁の図9）を見れば分るように、列島そのものが太平洋の海側に引っ張りこまれてひん曲がってしまった。これを元に戻す自然界の調整のために、東北地方ばかりか、長野県・新潟県、静岡県、茨城県へ、さらに西日本の熊本県、広島県へと大規模余震が続いてきた。

これから起こる地震は、下から太平洋プレートの激動を受けている「プレート境界」か、あるいは「プレート内の活断層」か、いずれかが動いて、原発を直撃するものになる可能性が高い。岩石は一立方センチメートルにほぼ五×一〇の三乗エルグのエネルギーを蓄えることができるが、これ以上のエネルギーに達すると耐えられずに破壊され、地震を起こ

図９　東北地方太平洋沖地震による日本列島の地殻変動図

**日本列島全体が大きく歪んでしまった！
東北地方→長野県・新潟県→静岡県へと
余震が続く…**

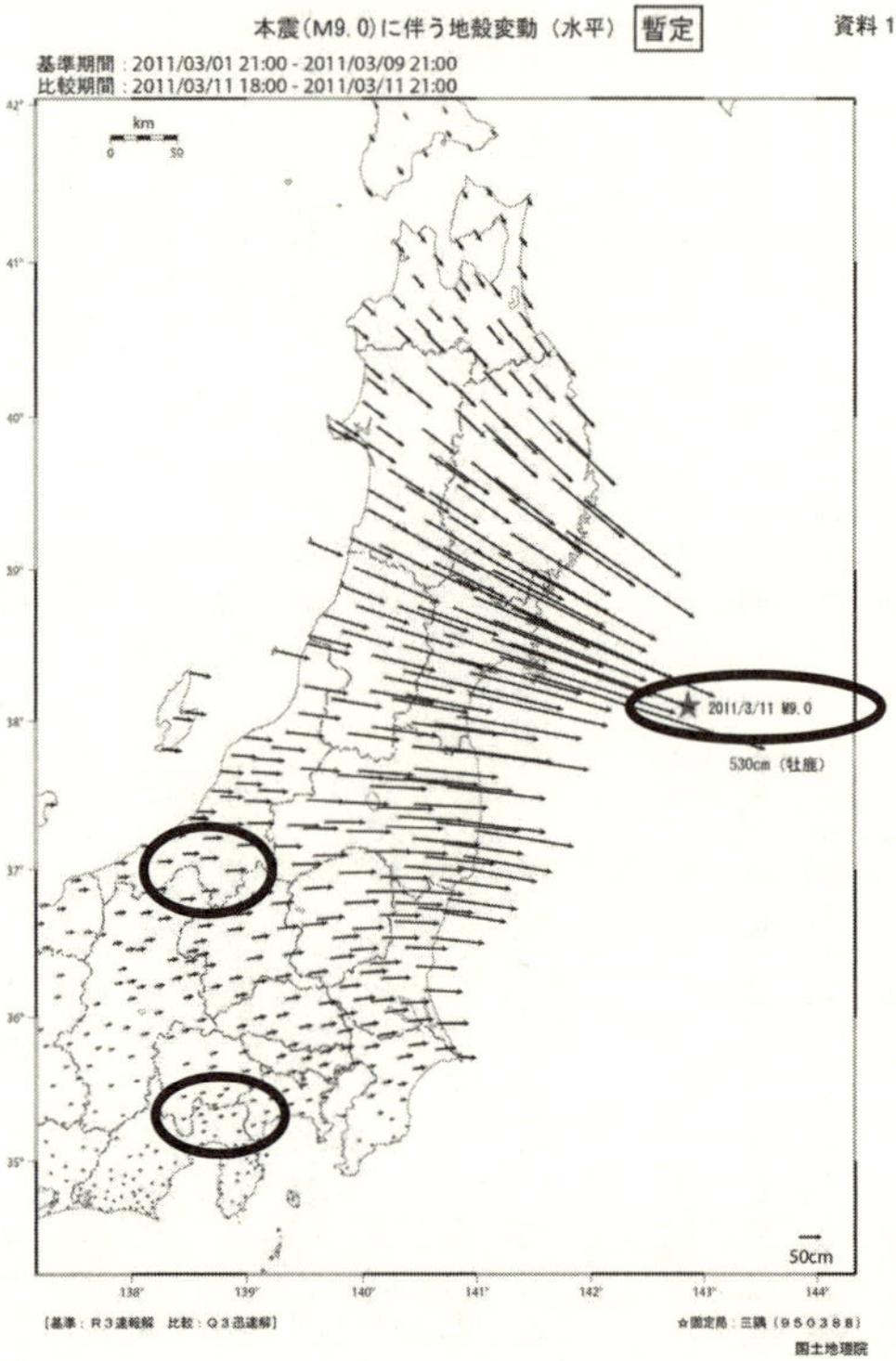

す。その時、近くにプレート境界か大きな活断層があれば、大地震になる。現在は、日本全土の地底の岩石が、自然調整の反動余震や、止まらない太平洋プレートの動きによって、ギシギシと揺さぶられながら、この破壊限界のところで必死に耐えているところである。

一体、「どこで」、「いつ」、次の地震が起こるか、誰にも分らないので、すべての原子炉が、地雷原のど真ん中を歩いている状態にある。すべての原発近くを走るこれらの危険な活断層については、二〇一一年五月一三日発売の朝日新書『FUKUSHIMA 福島原発メルトダウン』に日本全体を述べておいたので、参照されたい。

世界最大で、世界最速で動くプレートである太平洋プレートが東日本大震災を起こし、今なお激動している現在は、波状的にほかの隣接プレートも動かされているので、世界的にも、おそらく今後は大地震の続発が予期される。危険なのは日本だけではない。中国、台湾、韓国、インドの原発も、かなり危ないので、世界的に原発を全廃する声をあげてゆく必要がある。大事故を起こした未熟な日本から、同じ危険性をはらむ地震地帯であるアジア・中東へ原発を輸出しようと考えるなどは、狂気の沙汰である。もし中東の原油生産地帯で原発事故を起こせば、今度は中東全域の石油が放射能で汚染されるという最悪の事態を招いて、それこそ地球上の全文明が崩壊するのである。

⑥津波の威力・破壊力は人智を超える。

第一章にくわしく岩手県の実例を述べた通り、東日本大震災における津波の威力・破壊力は人智を超えるものであった。加えて、ハルマゲドン津波としては、一九五八年のアラスカ地震のあと、五二五メートルの高さまで達したことがあるという歴史的な事実を知るだけで、津波に対する対策などはあり得ないことが分る。津波に対して人間ができることは、大地震発生後に高台に逃げることと、あらかじめ海岸線に危険物を設置しないことだけである。それでも、石油やガスの保管施設は海岸線に設置しなければならないため、地震災害に巻きこまれることは避けられない。だが、これらの災害は一時的なものであり、復旧できる。

日本の原子力発電所の場合は、原発が生み出す高温の水蒸気を海水によって冷却するシステムを採用しているため、原子炉を海岸線に設置している。そして今回のような津波に備えて電源を高いところに設置しても、無駄な骨折りである。東北地方で見られたように、津波が運んでくる巨大な津波石や、太い木材、船舶、自動車などが山のように流されて激突し、また海水そのものが物理的に岩石と同じ破壊力を持っている。電源と原子力発電所をつなぐケーブルが地震の揺れと共に破断されるので、やがて電源喪失という最悪の事態を招く。

津波のおそろしさは、もう一つある。東日本大震災の津波被災者が口々に語っているように、津波によって、とてつもないエネルギーで引き波が起こる。原子力発電の大事故は、炉心の熱を奪えなくなることによって起こるが、その原子炉の熱を冷やすのは、この海水である。津波の引き波によって、海水がなくなってしまうのだから、原子炉を冷やせなくなる。電力会社がとっている対策は、取水槽という大きなプールに水をためておくだけである。中部電力の浜岡原発の例では、取水槽の水を循環させて冷却できる時間は、今回の震災が起こる前には、わずか二〇分間であった。浜岡原発で予想される東海大地震では、三時間も津波が続くことが分っているし、東日本大震災では半日近くも津波が続いたのだから、このような水槽の水が原子炉を冷却し続けるということはあり得ない。そのあいだに地盤の大きな隆起や沈降が起こり、取水槽に新たな海水を入れるための取水トンネルは間違いなく崩壊している。さらに、取水槽の水は時間がたてばたつほど熱水になってゆくので、その時には冷却できなくなる。加えて津波は、波だけでなく、大量の土砂を運びこむので、取水トンネルが土砂で埋まり、まったく機能しなくなる。

フクイチ事故後のすべての電力会社の津波対策を見て実証されたように、彼らは、現地で過去に発生した歴史津波について、ようやく本格的な調査にとりかかる有様で、これまでは、ほとんどまともな調査をしてこなかった。加えて九州電力や四国電力のように、「私のところでは、大津波は起こらない」と決めつけるほど、まったく歴史を知らない。そして、家の塀と変らない防波壁を建設したり、電源を高いところに設置するといった、大津波に対してまったく無力であることが歴然としている項目を「対策」として列挙し、原発の再稼働を狙っている。救いがたい人間たちである。

こうしてフクイチのように事故が起これば、その放射能災害が半永久的に続く。したがって、絶対に存在を許してはおけないのが、日本の原子力発電所である。

⑦原発事故には対策が存在しない。

工学的には、原子力発電所の大事故対策は存在しない。なぜなら、原子力発電所の耐震設計とは、先に述べたように、どのぐらいの強さの地震力が、どの方向から襲ってくるか、あるいは過去の地元の地震記録に基づく揺れが最大でどれほどであったか、といった条件を一定の「仮定」のもとに想定し、それに基づいて設計者が机上計算をしたものにすぎないからである。ところがこれから実際に発生する地震は、この仮定条件と、必ず異なる特性を持っている。何十本という膨大な数の配管が、原子炉に溶接されているので、地震が直撃すれば、そのうち一本が破断することは、ほぼ間違いなく起こる。

加えて、一九六〇年代に始まった商業用原子炉であるから、老朽化した原発が、山のようにある。地震がなくとも、普通の運転条件でも、いつ、どこで大事故を起こしても不思議でないほど危険な状態にある。こうした原子炉は、内部の設計構造をくわしく知っている設計者がリタイヤしているので、事故発生時には、手を打つことができない。

二〇〇六年の耐震指針改訂後にとられてきた原発の耐震性補強工事とは、長大な配管の支え棒を増やすなどして、それぞれの地震に固有の「揺れの周期」を考慮した計算上の強化だけである。このような予測は、新たな特性を持った地震が起こるたびに、ことごとく外れてきた。だからこそ、一九九五年の阪神大震災で高速道路が倒壊し、二〇〇四年の新潟県中越地震で新幹線が初めて脱線したのであり、二〇一一年の東日本大震災では東京の高層ビル内で、人間が身動きできないほどの揺れに襲われたのである。

そして最大の問題は、原発の設計は、起こり得る危険な事象を、個別にしか検討せずになされているところにある。これら部品や機器の異常やトラブルが、同時に多発することは、想定されていない。そうした同時多発トラブルの典型的な出来事が、大地震と同時に起こる大津波である。フクイチで実際に起こったような、配管破損と電源喪失である。このように、誰でも考えられることを考えていないのが、原子力発電所であることがフクイチで実証された。設計段階から、すべてが間違えてきたのだ。

フクイチ事故後に語られてきた原発事故対策は、いずれも、〝次の大事故〟の招来を保証するだけで、無駄のかたまりである。

⑧フクイチの事故は収束できる見込みがない。

③で述べたように、日本の原子力専門家には大事故を防ぐ計算能力がないが、それだけではなく、事故が発生したあとにも、電力会社にはそれに対処する能力がないことが、一連の事故対応によって実証されてきた。これは、フクイチの事故現場で必死に働いてきた人たちを非難するために書いているのではない。この人たちの死を賭した活動がなければ、さらに悲惨な経過をたどっていたことは間違いない。そうした放射能まみれの犠牲的な現場の肉体労働とは別の次元で、重大な事件が二つあった。

九月下旬になって、フクイチ1号機で、格納容器につながる配管の内部に、水素が大量にたまっていることが発見される、という「事件」があった。この時の東京電力の発表を聞いて驚いたが、彼らは、水素も酸素も濃度を測定していなかったというのである。また、一％以上の水素は測れない、などと語っていた。事故を起こしたフクイチ原子炉では、内部に強烈な放射線が飛び交っているので、水が分解されて、水素と酸素が発生している。酸素が存在する密閉された空間で、水素が四・二％を超えれば、火花などの小さな刺激があるだけで爆発することは、化学の初歩の初歩の基礎知識である。すでに四基の原発で水素爆発を起こした会社が、原発の事故収束に向けて作業していながら、このように重要な配管の水素も、また爆発を招く酸素も分析していなかった。

続いて、一一月初め、フクイチ2号機で、格納容器から採取したガスを東京電力が分析したところ、キセノン133（半減期五・二四日）、キセノン135（半減期九・一四時間）と見られる放射性物質が検出されたと発表した。これらのキセノンは核分裂によって生ずる物質であるから、これほど半減期が短い核分裂生成物があることは、今も燃料が核分裂を起こしていることの証左である。そして炉内では、いまだに危険な臨界反応が起こっている可能性が取り沙汰される一方、いや、プルトニウムなどの原子核が自発的に核分裂したのではないか、といった議論が交され、最終的には、東京電力が「臨界反応は起こっていない。自発核分裂であった」と断定して、事件の幕を閉じた。それに対して、原子力の専門家たちが、臨界反応か自発核分裂か、どちらが起こりやすいかと見当違いの評論を展開していたが、問題は、そのような炉内の状態にあるのではない。

臨界とは、燃料ウラン（あるいはプルトニウム）に中性子が衝突して、二個以上の中性子が発生し、それが近くのウランに衝突することによって、核分裂が連鎖的に雪崩状に進行する状態が維持されていることを言う。したがって、そのように危険な現象が起こっているかどうかを知るには、論評する以前に、中性子を測定すればよいだけである。三月のメルトダウン後から、私はその中性子の測定を疑い続け、発言してきた。ところが、東京電力は中性子を測っていなかったし、その後の発表では、中性子の測定器がこわれているので測定できない、というのだ。中性子の測定器インコアモニターがこわれていて、よく平気で事故収束の工程表などを発表できるものだ。原子力というものについて、基礎ができていない。

この二つの事件は、実は、私が事故直後からの講演会で、「いまだにフクイチに残っている大爆発の危険性」として必ず挙げてきた（現在も挙げている）、臨界暴走、水蒸気爆発、水素爆発の三つのうちの二つなのである。そのうち二つの臨界暴走と水素爆発を避けるために、必須の基本的な測定さえしていなかった。それが現在の東京電力だということが、おそろしくて信じられないのである。そうした最悪の事態を防ぐ基本的な測定をしていない電力会社が、原子力の素人集団であることは、断言してよい。

さらに原発事故担当大臣である細野豪志が、国際会議に出席して、「年内に冷温停止にする」と発言し、一二月一六日にはついに野田佳彦首相が、もともと何ひとつ見識のない人間ではあったが「福島第一原発は冷温停止状態となり、事故は収束した」と宣言したのだ。日本の国民は、あたかもフクイチ事故が収束するかのような報道にたびたび欺かれてきたが、原子力の専門家が聞けば腹を抱えて大笑いするような滑稽な話である。細野と野田のこの発言で、日本人全体が世界中で笑い物になっているのである。

冷温停止とは、ウランの燃料棒が、炉内に装填された当初と同じようにきちんと整列して立ち並び、それが水の中に完全に浸かって、その水温が、水の沸点一〇〇℃より低くなった安定状態を指す原子力用語である。つまり燃料棒が、低い温度にあることを示すのだ。現在のフクイチでは内部を覗けないので、燃料棒がメルトダウンして崩れて落下したあと、その溶岩のような瓦礫がどこにあるか、どのような大きさであるか、誰にも分らない。灼熱となって永遠に崩壊熱を出し続けるその化け物のような瓦礫に、水がかかっているのか

図10　4号機の原子炉建屋

ということさえ分らない。東京電力が測定しているのは、原子炉の底近くに突っこんだ熱電対が示す温度であり、それが一体、何の温度を示しているかさえ、誰にも分らないのだ。それが一〇〇℃より低くなっても、燃料の温度ではないので、何の意味もない。フクイチでは、冷温停止による事故収束は、永遠に、金輪際あり得ないのである。

瓦礫となった燃料の塊のほんの一部で、核分裂性のウランかプルトニウムが、時間の経過と共に臨界濃度に濃縮されて暴走を始めるということは、現在でもあり得る。

そもそも、原子炉も格納容器も底が抜けた容れ物に水を注入して、それで東京電力は「原子炉内に水が循環している」と説明し、報道界もそれをそのまま伝えて、国民に安堵感を与えてきた。この水循環もまた、まったく子供だましの気休め報道にすぎない。

危険性について付け加えておくなら、4号機の原子炉建屋は、爆発して骨組みの鉄骨が残っただけで、かなり傾いており、建築家たちが建屋の崩壊をたびたび警告してきた。鉄骨しかないので、大規模なエネルギーを持った余震が襲ってくれば、ぐしゃっと崩壊するおそれがあるからだ。東京電力は基礎部分を多少補強しただろうが、そのようにいい加減な補強で安心できるような状態にはない。これから、どれほど大きな揺れの地震が襲うかどうか、分らないのである。

最悪の場合、もし4号機の建屋が崩壊すると、内部の最上階に設置されている使用済み核燃料プールがどさっと地面に崩れ落ちて、ウラン燃料がむき出しとなり、フクイチの敷地内にトテツモナイ強烈な放射性物質が転がり出てしまう。そうなると、敷地内には、もはや人間がいられなくなる。爆発した1～4号機だけでなく、隣接する5・6号機も含めて、すべてを放り出して、現場の所長、職員、作業者は全員が逃げ出さなければならない。たとえ決死隊が何人か残っても、その人たちは強烈な放射線被曝によって、次々と倒れてしまうだろう。そのあとどうなるかは、誰にも分らないが、水の注入ができなくなれば、新たな爆発が起こることも時間の問題になってくるだろう。これが、今のところ私に想像される最悪の事態である。

事故を収束しようとする東京電力は、このように、まず最初に最悪の事態を想定して作業しなければならない。それが基本中の基本である。ところが彼らは、そうしたことをほとんど想定していない。そのため水素も酸素も中性子も測定してこなかったのである。

このフクイチ事故を、永遠に収束できないことだけは、残念ながらはっきりしている。瓦礫となったウラン燃料を取り出す技術が、全世界の原子力産業にないからである。最悪の爆発を食い止めたとしても、東京電力にできることは、たった一つ、現在も「空と海と地下水」に放出され続けている放射能を、極力ゼロに近づける努力だけである。

⑨原子力安全・保安院はメーカーOBの欠陥集団である。

二〇一一年八月二六日付の東京新聞が、一面トップで「東芝・日立などOBが〝自社〟原発検査　一〇年で三六人　保安院に再就職」という大見出しで報じたスクープ記事がある。この内容は、何と原子炉メーカー御三家の三菱重工業、日立製作所、東芝が自社の欠陥原発を、保安院に移って検査していた!!　という事実だから、驚くほかない。やはり刑

図11　東京新聞が報じた再就職リスト

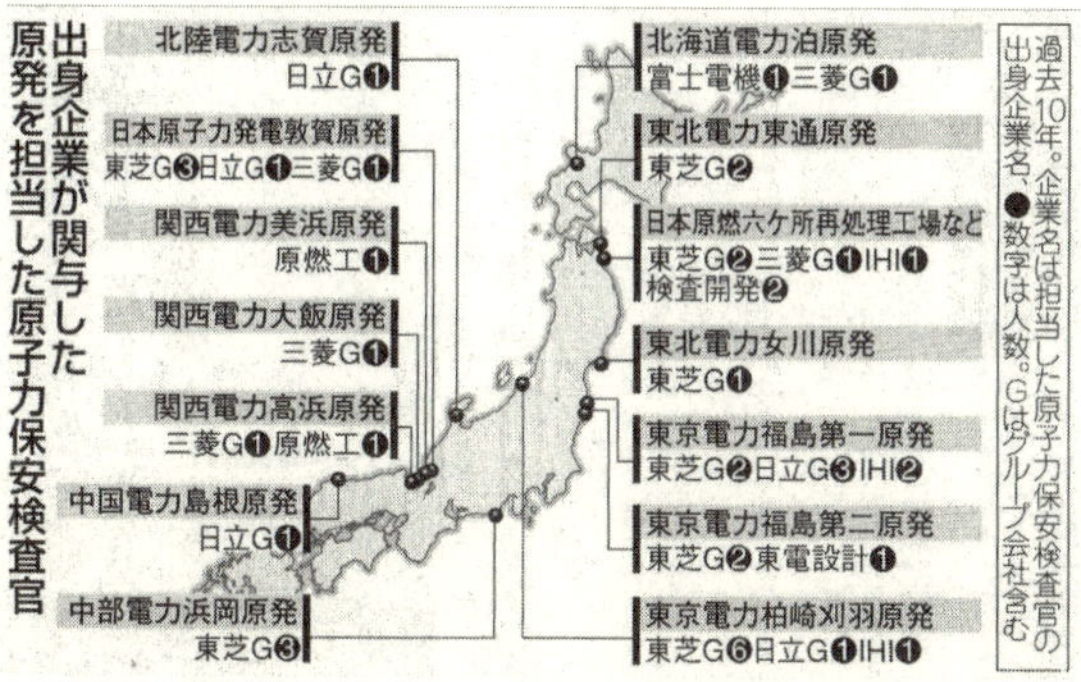

(2011年8月26日東京新聞)

事が泥棒だったのである。そして、この保安院が、現在の原発の安全性評価として論じられているストレステストなるものを実施して、停止中の原発の再稼働をしようとしてきたのである。

保安院は、すでに子供たちから、上から読んでも下から読んでも「ホアンインゼンインアホ」と呼ばれる集団だが、このアホたちが、欠陥原発をつくった原子炉メーカーOBによって乗っ取られていたのだから、何でもあり、という無法地帯である。こんな人間たちに命を預けるほど、日本人はお人好し（それを通り越してバカ）なのか？

⑩電力会社と自治体と国政は腐敗連合を形

成してきた。

電力会社と自治体首長と国政（経済産業省・保安院）が腐敗連合であることについては、大量の報道があったので、今さら論ずる必要はない。すでに多くの首長が、序章に列記したように、この世界から抜け出して新しい未来を模索し始めたが、今もって泥沼から抜け出さない、救いがたい愚鈍な首長が、日本列島の北と南にいる。九州電力とベッタリくっついて玄海原発再稼働を目論んできた佐賀県知事・古川康、巨大な川内原発増設を目論む鹿児島県知事・伊藤祐一郎、泊原発の営業運転を強行した北海道知事・高橋はるみ、六ヶ所再処理工場の運転再開に懸命な青森県知事・三村申吾たちが、その代表者である。

古川知事や高橋知事の地元では、いずれも「やらせ」問題が発覚して大騒動になったが、実は、このように表面化した事件より前に、地元自治体が原発の是非について論ずる場合に駆り出される「有識者」と呼ばれる、主に学者で構成される集団の悪質さのほうが、はるかに問題なのである。たとえば私たちが札幌で学習会を開き、泊原発のプルサーマル運転反対の呼びかけをしている最中に、高橋はるみ知事の号令のもとで、プルサーマル運転を容認した自称・学者たちが、それである。彼らは学者でもなければ、有識者でもない。危険性について何も知らない素人集団である。

政府の福島第一原発事故・検証委員会のメンバーや、もろもろの原発関連委員会のメンバーは、ほとんどが官僚の息がかかった人間ばかりである。表向き「反対派」と目される人間でも、意見を鋭く言わない優柔不断な者が選ばれているにすぎない。また、そうした人間は、電力会社の操り人形である多数派の中で、少数派なので、公明正大な議論をしたというアリバイに利用されるにすぎない。原発の公開ヒアリングでは、ずっと、そのセレモニーを続けてきた。アメリカでのヒアリングなどは、何日でも地元住民の罵声が飛び交う中で激しい議論が続けられてきたが、そのようなことは、日本では一度もおこなわれていない。つまり日本には、原子力の世界に民主主義自体が存在しなかったのである。

国会の事故調査委員会に石橋克彦氏と田中三彦氏が入ったことによって、初めてこの悪弊の壁が壊されることに、一点の希望の光が差しこんだ。

⑪フクイチ事故の現場からは、トテツモナイ量の放射能が放出された。

フクイチでは、事故によって大気中に放出された放射能が、天文学的な七七万テラベクレル（「テラ」は1兆倍）だったと、保安院と東京電力によるＩＡＥＡ向け報告書（六月）に記述されていた。この深刻さが最大の問題であるが、この放射能は、日本人の生命を現在も脅かし続けているので、第三章「汚染食品の流通阻止」と、第四章「汚染物の厳重保管」において、くわしく論ずることにする。

ここで述べておかなければならないのは、フクイチの発電所全体が放射性廃棄物になったという大変な現実と、日本人が向き合わなければならなくなったことである。鉄骨もコンクリートも、みな強烈な放射線を直接浴びて、すべてが放射性物質と化している。それを、一〇万年以上も、人間が近づかない環境で保管しなければならない。地中から掘り出したウラン鉱石と同じレベルの放射能に下がるまでに、一〇〇〇万年かかるのである。一体これをどうするのか、人類にはまったく解決策がない。早くもこれを、六ヶ所再処理工場に運ぶという意見が出されているが、第一章に六ヶ所村の危険性をくわしく述べた通り、トンデモナイことだ。

電力会社と保安院と現政権の無能者たち、および原子力専門学者たちに言っておくが、原発を再稼働させるとは、たとえ事故がなくとも、このように、最低一〇万年のあいだ人間が管理し続けなければならない放射性廃棄物を、原発の電気を使うたびに生み出すということである。また、飯田哲也のような風力発電や太陽光発電の普及論者たちは、自然エネルギーによる原発代替論を語って世間からかなりの支持を得ているが、彼らの言葉を聞

図12　福島第二原発に流入した津波

（東京電力提供）

いていると、一〇年後や二〇年後に原発を廃絶できる、という。その一〇年間、二〇年間に生み出されるのが、北海道から九州まで日本全国各地で拒否されてきた、処分不能の高レベル放射性廃棄物である。フクイチから放出され、自分の町に降り積もった放射能汚染瓦礫・汚泥を目にして、次世代に対して、そのような危険物を残し、無責任なことをする権利が、われわれの世代にあるのかという問題を、日本の国民に突きつけたのが、福島第一原発メルトダウン事故だったのである。

⑫フクイチ以外の原発も危機一髪のところギリギリで助かった。

ほとんどの国民には知らされていないが、実は、東日本大震災の当日、太平洋岸にあったほかの原発も、フクイチと同じように、軒並み地震と津波に襲われ、ギリギリで助かったのである。

特にフクイチから至近の距離にある福島第二原発では、前頁の写真のように津波が発電所内にどっと流入して、1・2・4号機が冷却不能に陥り、格納容器が損傷する寸前の危機に陥って、数千人の人海戦術でかろうじて爆発を食い止めていた。この事故をようやく収束できたのは、地震発生からちょうど三日後の夕刻であった。

しかしその後も福島第二は、原子炉を安定させるのに綱渡りを続け、「緊急事態宣言」が解除されたのは、実に九ヶ月半後の一二月二六日であった。

さらにそこから南にある茨城県東海第二原発（日本原子力発電）でも、地震直後に外部電源が遮断されて停電した。急いで非常用ディーゼル発電機三台で海水ポンプを動かし、非常用炉心冷却システム二系統が起動して何とか原子炉を冷却し続けた。しかし約三〇分後に大きな津波が襲ってきた。津波に襲われた海水ポンプエリアでは、原子炉を循環する大量の冷却水を冷やしたり、非常用ディーゼル発電機を冷やしたりするための一・八メートルある海水ポンプが水没して、まったく動かなくなった。海水ポンプの四方は海面から

図13　常陽新聞の記事

実は、茨城県東海第二原発でも、非常用ディーゼル発電機三台のうち一台が海水をかぶって故障し、何とかほかの二台で電源喪失を食い止めた。

東海第2原発あわや

5メートル超の津波が襲う

日本原電

11日の東日本大震災では9・5メートルの津波が押し寄せ、県内でも大洗では4・2メートルの津波が観測された。福島第1原発が津波の被害を受け収束に向けた懸命の努力が続けられているが、東海村白方の東海第2原発にも5メートルを超える津波が押し寄せていた可能性があることが、25日までに分かった。このため、SAWストレーナーエリアや非常用ポンプエリアの側壁から海水が回り込み、非常用ポンプ1台が停止した。同原発は過去の地震から5・7メートルの津波にも耐えられる設計としていたが、今回の震災で早急な対策が迫られそうだ。

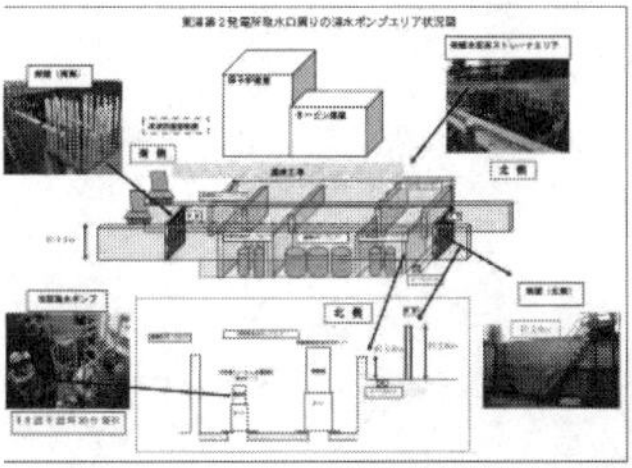

設計は5.7メートルまで、早急な対策必要

（2011年3月26日常陽新聞）

の高さ六・一メートルの防波壁で囲まれていたが、その海水ポンプエリアに津波が襲いかかったため、午後七時二六分に非常用ディーゼル発電機の海水ポンプの異常を示す警報が鳴り、津波の高さは五・四メートルに達した。津波は防波壁より低かったが、壁に工事用の穴があいていたため、その穴から海水がどっと内部に流れこみ、海水ポンプ一台が水没して、非常用ディーゼル発電機一台が停止し

た。

この時、残り二台の海水ポンプも水につかって、あわや大事故突入寸前となった。冷却が進まず、地震から七時間たっても炉内の水温は二〇〇℃を超え、圧力はほぼ六七気圧と高く、通常の運転時とほとんど変らない危険な状態が続いた。注水と逃し弁の開閉のくり返しで、燃料が露出することをかろうじて食い止めていたが、炉内の水位は七〇センチメートルも変動した。こうして残り二台の海水ポンプも水につかっていたが、たまたま二日前に側壁の嵩上げ工事が終っていたので浸水した水量が少なく、水深が低かったのでかろうじて稼働し始め、非常用発電機二台が動いた。こうしてギリギリで完全電源喪失を切り抜けながら、原子炉の冷却を続けることができた。

この東海第二原発に隣接するのが、東海再処理工場（日本原子力研究開発機構）で、この再処理工場も三月一一日の大地震により停電となり、非常用電源七基を立ち上げて、電源喪失を食い止めた。しかし隣接する新川沿いに約五・六メートルの津波が襲来し、防潮堤が高さ六・六メートルあったため、幸運にもかろうじて一メートル差で浸水を免れた。外部電源が復旧したのは、ようやく四六時間（ほぼ二日）後であった。実はすでに再処理の事業を終えている東海再処理工場には、第一章に述べた六ヶ所村の高レベル放射性廃液と

東日本大震災で、かろうじて津波の大被害を免れた宮城・女川原発（堀井正明氏撮影）

同様に、それを超える三九四立方メートルの未処理の高レベル廃液を保管したままだったため、一時危機に陥ったが、冷却ポンプと水素除去装置が運転できたため、からくも大事に至らなかった。しかし工業用水の断水が八五時間（三日半）、水道水の断水が二六五時間（一一日間）続き、その間ずっと危機にあったのである。

フクイチの北にある宮城県の女川原発（東北電力）では、三月一一日の地震当日、1号機と3号機が運転中で、2号機が原子炉起動中だったが、五六七・五ガルの地震の直撃を受けて原子炉は自動停止した。しかし、地下の岩盤部では想定していた基準地震動五八〇ガルを超える六三六ガルに達し、3号機のタービンが地震によって損傷した。さらにそこに高さほぼ一三メートルの津波が襲いかかった。幸いにも、敷地がそれよりわずかに二メートル高い一五メートルだったため、ギリギリで津波の直撃を免れた。しかし起動変圧器がストップして外部電源が途絶えたため危機に陥り、ここで非常用ディーゼル発電機が稼働して電源を確保し、翌一二日深夜〇時五八分にかろうじて冷温停止に成功した。宮城県第三次地震被害想定調査によれば、女川町の津波高さは最大でわずか五メートルしか予測していなかったが、早稲田大学（土木工学）の柴山知也教授が女川漁港周辺を調査した結果では、津波が到達した海面からの高さは一七・六メートルだったのだから、原発の敷地高さ一五メートルを乗り越えても、まったく不思議ではなかったわけである。

こうして三月一一日の地震当日を見ると、フクイチの四基が爆発したばかりでなく、福島第二の四基、東海第二の一基、女川原発の三基、合わせて八基がさらに爆発する可能性がありながら、綱渡りでかろうじて爆発を食い止めていた。一挙に日本全土が壊滅していたことさえ考えられるほど、われわれが知らないところで悪夢が進行していたのである。

さらに本震からほぼ一ヶ月後の四月七日に、大震災後で最大の余震が起こり、岩手、青森、山形、秋田の四県が全域停電になった。この時、震度6強を観測した女川原発では、外部電源のほとんどが停止し、残る一系統で、かろうじて原子炉などの冷却を継続した。同じ日、定期検査中の東北電力の青森県東通原発1号機では、外部電源が途絶えて非常用発電機一台が稼働したが、外部電源復旧後にその発電機も使えなくなり、点検中だった二台を含め、非常用の三台すべてが使えない状態になった。のちに、ようやく回復するギリギリまで行って、危機を乗り越えた。この時、六ヶ所再処理工場でも外部電源が失われたことについては、第一章に述べた通りである。

以上、数々の事実から目をそらすことは、知性的ではない。日本人がこれからも日本列島に生き続けたいなら、すべての原発を、一基残らず「即時」廃炉にしなければならないことは、明白である。もはや、原発の再稼働などは論外である。その中でも、とりわけ危険な高速増殖炉もんじゅは、即時閉鎖を断行する必要があるので、ここに一項をもうけて述べておく。

高速増殖炉もんじゅの後始末

北陸の福井県敦賀市にある日本原子力研究開発機構（原研機構）の高速増殖炉もんじゅ

は、「発電しながら燃料を生む未来の原発」とのふれこみで開発が始まったが、「止まっていながら大金を食う原発」というのが悲惨な実態だ。総事業費にざっと一兆円をかけて、一九九四年四月に初臨界に達し、稼働してから二〇一二年四月まで一八年間（およそ六五〇〇日）で動いたのは二百数十日――よく恥ずかしくないものだ。

もんじゅは、六ヶ所再処理工場で取り出された六〇％の核分裂性プルトニウムにウランを混合した燃料（ＭＯＸ燃料）を用いて、これを炉心に装荷して運転される。その外側をブランケットと呼ばれるウラン２３８の層で包んでおくと、この核分裂しないウラン２３８が、炉心から飛び出してきた中性子を吸収し、九八％の核分裂性プルトニウム２３９が大量に生成される。こうしてできるプルトニウムは、原爆などの兵器用としてすぐに使えるのだから、もんじゅの目的は、原子力発電とは関係なく、事実上の日本の核武装のための原子炉である。

この特殊な原子炉は、したがって、その目的だけでも危険だが、核兵器をほしがる人間にとっても、トテツモナイ危険性をはらんでいる。というのは、ここまで述べた日本全土の商業発電用の原発五四基は、軽水炉と呼ばれ、水を沸騰させて発電する。その時、沸騰水型では二八〇～二九〇℃、加圧水型では二九〇～三三〇℃の水温だが、高速増殖炉では、それよりはるかに高温の五〇〇℃を超える液体ナトリウムを用いなければ、プルトニウム増殖反応を効率よくおこなわせることができない。そこに水を循環させて、金属の壁一枚を隔てて、原子炉から発生した熱を奪う構造になっている。そのためこのナトリウムが流れる配管の金属では、運転中の高温時と、運転を停止した冷却時の金属の膨張・収縮がとてつもなく大きい。真夏に、鉄道のレールでさえ曲がることがあるが、それと同じように、異常な変形を受けるのである。この力を吸収するためには、金属パイプを厚く頑丈につくることはできず、仕方なく金属パイプを薄く、曲がりくねらせて配管しなければならなかった。したがって、地震の直撃を受ければ、一気にパイプ破断が起こる弱い構造であり、敦賀半島で続々と明らかになっている断層は、一触即発の危険性をはらんでいるのである。

もんじゅで過熱器と呼ばれるのが、自動車のラジエーターのような熱交換機だが、ここでは、金属の壁一枚を隔てて、金属ナトリウムと水が隣り合っている。高温で液体となっているこの金属ナトリウムは、水と接触すると爆発的に炎上する。空気に触れるだけで発火するトテツモナイ危険な物質である。ほんの小さな地震の揺れで、熱交換機の壁に亀裂が入っただけで、末期的な大事故に至る。

冷却材のナトリウムが喪失すると、炉心溶融が起こり、もんじゅでは、軽水炉と比較に

図14　もんじゅ直下に走る二本の活断層

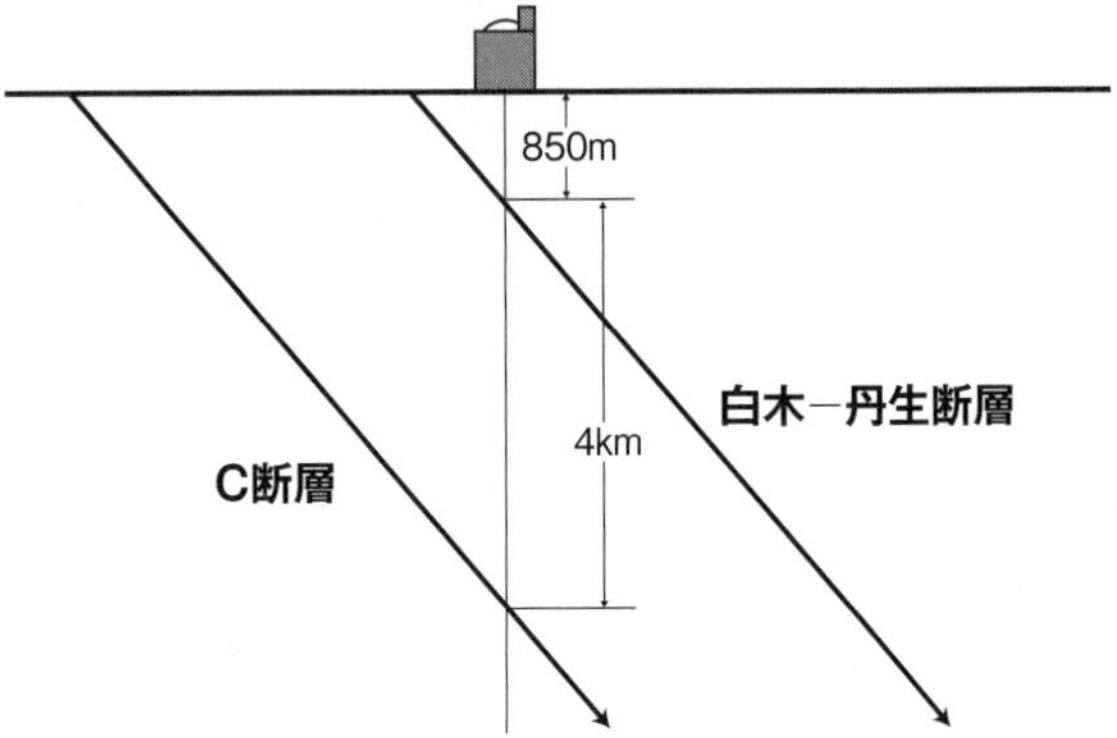

ならない凄惨な重大事故を起こす。なぜなら、炉心には、一・四トンという大量のプルトニウムが内蔵され、そのうち一トンが、核分裂性である。長崎に投下された原爆で実際に核分裂した量は、ほぼ一キログラムであったと推定されているのだから、その一〇〇〇倍である。何が起こり得るだろうか。

冷却材にナトリウムを使うため、たとえば津波をかぶって停電し、冷却材ポンプが停止してナトリウムが流れなくなると沸騰し始め、ボイド（泡）が生じて、核分裂が急速に進んで出力上昇が加速され、ボイドがますます増えて、ついにはプルトニウムの核暴走による爆発事故を起こす。最もおそろしい原子炉暴走の危険性は、ほかの原子炉の比ではない。

まして、プルトニウムの毒性は、地上最強の猛毒物とされるほど危険な放射性物質であるから、現在のフクイチ事故後に日本全土に降り積もったセシウムによる放射能汚染とは、レベルの異なる文字通り〝地獄〟の事態を招く。

そうして、もんじゅ直下には、図14のように二本の活断層（白木―丹生《にゅう》断層とC断層）が切れこんで、地震の到来を今か今かと待っているのである。

高速増殖炉の重大事故も、再処理工場と同じように、全世界で実証されてきた。アメリカでは、高速増殖炉が二度の炉心溶融事故を起こして、一九八四年九月に高速増殖炉実証炉の研究を中止し、増殖炉を全面的に断念した。特に一九六六年一〇月に起こった高速増殖炉E・フェルミ1号機の炉心溶融事故では、デトロイトが廃墟になる寸前で、原子炉が緊急停止して大惨事を免れた。イギリスでは、ナトリウム火災事故と、細管ギロチン破断事故を起こして、一九九四年三月に高速増殖炉ドーンレイPFRが閉鎖された。フランスでは、たびたびナトリウム火災事故を起こし、一九八九年と一九九〇年に高速増殖炉フェニックスで出力暴走事故が発生してから、一九九二年にスーパーフェニックスの運転再開をストップして、実質上、増殖炉の開発そのものを断念し、一九九七年六月にスーパーフエニックスの廃止を正式決定した。ドイツもたびたびナトリウム火災事故を起こし、一九九一年三月に高速増殖炉カルカーSNR300を断念した。ロシアは、ほぼ同様にナトリウム火災事故続きだったが、燃料に二〇%以上の高濃縮ウランを使用し、今後は解体核兵器のプルトニウムを焼却する目的で、プルトニウム増殖炉ではなく、単なる高速炉として運転を継続してきた。こうして核兵器先進国は、すべて高速増殖炉を断念するに至っている。

一九九五年一二月八日にナトリウム漏れ火災事故を起こし、二〇一〇年五月六日に一四年五ヶ月ぶりに運転を再開したもんじゅは、ほどなく八月二六日に、重さ三・三トンもある燃料交換用の中継装置が原子炉容器内にドカーンと落下して停止してしまった。あわや大事故になるところであった。六ヶ所再処理工場を操業不能にしてしまった日本原燃と同じく、もんじゅを操業不能にしてしまった原研機構は、悪名高い動燃（動力炉・核燃料開発事業団）の後身であり、まったくの無能集団で構成されている。したがって首を賭けて断言できるが、高速増殖炉の後進国である日本が、このように危険な原子炉の運転に成功する可能性は、技術的に完全にゼロである。技術的に無能であるということは、もし再びこれを動かせば最悪の大事故を起こすということにほかならない。

もんじゅの運転再開を狙ってきた原研機構の現・理事長、鈴木篤之は、原子力安全委員会の委員長を歴任して、フクイチ爆発事故の重大責任を問われてきた筆頭の、原子炉解析の無能者である。彼は、フクイチ爆発事故後に各界から強い批判を受けて、一〇月末に、「もんじゅの実用化は国民の理解が得にくい」として実用化を断念し、研究用として用いるかのような逃げ口上を発言し始めた。執拗に、危険物を維持しようとするトンデモナイこの暴言を、日本の報道界が放置していることは信じがたい。

もんじゅは、研究用であろうが何であろうが、存在すること自体、国民生活を一挙に、未来のない真っ暗闇に突き落とす、救いようのない大事故の危険性をはらんでいる。ここで放射能放出事故が起これば、地元・福井県だけでなく、滋賀県から、京都府・大阪府・兵庫県にかけて、近畿地方はたちまち廃墟となり、経済圏は完全消滅する。鈴木篤之の口上に乗れば、最悪のシナリオが日本人を待っているのだ。即時廃炉、閉鎖しか、もんじゅに道はない。民主党政権の蓮舫のように、まったく何も知らない愚鈍な人間が、事業仕分けの遊びをして、国民の目くらましに興じているようでは救いがない。

原発は廃炉のほかない

ここまで説明しなかった原発についても、すべての電力会社の地震対策・津波対策を調べてみたが、フクイチ事故後も最悪事故を防ぐための現実的な対策を、何一つとっていない。経済的にも、速度的にも、技術上も、万全の対策をとることができないからである。

○北海道の泊原発は、一九九三年の北海道南西沖地震で、目の前の奥尻島が三〇メートルを超える大津波に襲われたというのに、北海道電力は「一〇メートル以上の津波が来るという知見は持ち合わせていない」として、津波想定は一〇メートルに満たない。至近の断層長さを考えると関東大震災と同じマグニチュード7・9の大地震が予想されるにもかかわらず、まったく無防備の状態である。

○青森県の東通原発は、第一章で平川一臣教授の調査結果をくわしく述べたように、過去の巨大津波の調査をまったくしてこなかったため、低地の海岸線にある原発が津波を受ければ一撃で電源喪失し、最悪の事故に至ることが分っている。加えて耐震性は、すべての原発の中で最も低い。

○宮城県の女川原発は、東日本大震災でギリギリで奇跡的に助かった。ここも東通原発とまったく同じで、再稼働はあり得ないことがはっきりしている。
○福島第一原発は、廃炉が決定している。東日本大震災でギリギリで奇跡的に助かった第二原発も県議会が廃炉を求める請願を採択している。
○茨城県の東海第二原発は、東日本大震災でギリギリで奇跡的に助かった。地元の東海村村長の判断によって廃炉が決定的である。
○静岡県の浜岡原発は、確実な周期性を持つ東海大地震が目前に迫っていながら、中部電力は海岸線に「塀」を建てて津波を防ぐという計画を発表してその建設に着工した。こんな壁は、津波の一撃で破壊される。さらに、敷地の両側に津波が遡上する二本の川があり、御前崎の前には巨大津波を呼びこむ遠浅の海が広がることをまったく無視した信じがたい津波対策をもって「安全だ」と言いつのって、運転再開を主張し、失笑を買っている。東日本大震災の津波体験をまったく調べていないおそるべき企業である。東海大地震とは、一三〇キロ沖合で発生して東日本大震災を招いた東北地方太平洋沖地震と同じ規模のプレート境界型の巨大地震が、駿河湾の真下で起こるのである。
○新潟県の柏崎刈羽原発は、二〇〇七年の新潟県中越沖地震でメルトダウン事故直前まで突っ走るほど大破壊され、機械工学・材料工学的に見て、内部機器が複雑骨折したまま運転再開を強行してきた。地震に襲われなくとも、日本で最も危険な状態にある。それを、福島第一原発メルトダウン事故を起こした当の東京電力が運転している。

○石川県の志賀原発は、二〇〇七年の能登半島地震で耐震指針に基づく想定の二倍近い揺れを観測し、「原発はよく助かったものだ」と言われてきた。この時に動いた海底断層さえ、北陸電力には分っていなかったし、今もって、対策が何もない。

○福井県の若狭原発群一三基と高速増殖炉もんじゅは、浜岡原発とまったく同じように、津波の一撃で破壊されることが明らかな塀を建てて、電源喪失を防ぐという無謀な計画を進めている。関西電力は、過去に一帯で発生した重大な地震と津波の歴史記録を、まったく調べていなかったことが、東日本大震災後に明らかになった。この若狭湾が大地震に襲われれば、一挙に一四基の原発が爆発して日本を壊滅させるおそれが大きい。

○島根県の島根原発は、中国電力が二〇〇六年からずっと不正続きで、内部の重要機器をほとんど検査しないまま運転を続け、二〇一〇年に一連の不正が露顕して全国を驚愕させ、ようやく原子炉を停止したほど、メチャクチャな企業である。

○愛媛県の伊方原発は、日本最大の活断層である中央構造線が六キロメートルという至近の距離にあり、ここで予測されるマグニチュード8・6の地震は、浜岡原発と並んで日本全土の中でもケタ違いに大きい。ところが四国電力は、「瀬戸内海に津波は来ない」として一切、対策をとっていない。過去の仁和南海地震、宝永南海地震では、大阪湾や瀬戸内海沿岸に大津波の記録があるのだから、瀬戸内海に津波が来ないなどと、誰が言えるのか。このような内海の津波来襲は、最もおそろしい結果を招く。もし中央構造線が動けば、瀬戸内海に巨大津波が発生することは間違いない。

○佐賀県の玄海原発は、二〇〇五年に玄界灘で福岡県西方沖地震（博多沖地震）が発生するまで、海底の活断層をまったく知られずに運転をしてきた。地震の静穏期を終えて危険な活動期に入った現在は、地雷原の中を歩いている状態にある。佐賀県の古川知事が九州電力の言いなりになる人物であることが最大の問題でもある。

○鹿児島県の川内原発は、日本最大の活断層である中央構造線が目の前にあり、二〇〇九年以来、桜島と霧島連山・新燃岳の記録的な噴火が続き、二〇一一年に桜島の噴火回数が史上最多を数えたので、地震の直撃が最も逼迫していると見られる。

このほか、建設計画が進められてきた青森県の大間原発と、山口県の上関原発も、まったく同じ危険性をはらんでいる。

いずれの原発も、津波に対して電源を高台に置くというような、ほとんど無防備の対策でしかない。このように、日本列島のすべての原発が危険な状態にありながら、凄惨なフクイチ事故を起こした最大の責任者で、技術的に無能集団の保安院が、ストレステストなる根拠のない机上計算を実施して、原発の再稼働を目論んできたのだから、今日明日いつどこで第二・第三のフクシマが起こっても不思議ではない。国民がこの〝犯罪者〟たちに命を賭け、ロシアン・ルーレットをするほど愚かであるなら、そのような民族は次の大事故によって間違いなく滅びる。保安院の独善的安全論にまったく信頼が置けないことは実証されたのだから、全国民が立ち上がって公正な判断を下す必要がある。すべての電力会社との公開討論を開催すれば、われわれは公衆の面前で、彼らの対策が無効果であることを実証することができる。なぜ、それを実施しないのだ。

次の大地震が迫っていることが明白な現在、ここで導かれる唯一の結論は、「すべての原発の即時廃炉」である。日本人には、残された時間がほとんどない。

廃炉後の使用済み核燃料の厳重保管

さてここで、運転停止と、廃炉は意味が異なることに注意しなければならない。実例を考えてみよう。たとえば中部電力の浜岡原発は、全国の人からの激しい批判を受けてきた。その結果、フクイチ事故からほぼ二ヶ月後の五月六日に、菅直人首相が中部電力に対して、東海地震の発生のおそれが高いことを理由に、全基の運転停止を要請し、最終的に中部電力がそれを受け入れ、すでに廃炉準備中だった1・2号機を含めて、五月一四日に浜岡原発五基すべてが運転を停止した状態を迎えた。

しかしこの喜ぶべき出来事は、浜岡原発を廃炉にすることが決まって、完全にこの世から危険性が去ったということを意味しているわけではない。

問題は、このように、猛烈な運転再開反対世論と、中部電力の運転再開意志が並立したまま、日本人が、浜岡原発の危険性を忘れてしまうところにある。現在も、浜岡原発には使用済み核燃料が燃料集合体で六六二五本、ウラン量で一一二六トンが燃料プールに保管されたまま、東海地震によって発生することが確実な、巨大津波の来襲、そして電源喪失を待っている。大事故の危険性としては、菅直人首相が停止を要請する以前と、まったく変っていないのである。これで日本人が安心している現状は、理解不能である。

第一章でくわしく述べたように、東京電力が珍説を持ち出してフクイチ4号機のプール起源水素の爆発説を否定しても、使用済み核燃料プールの危険性はまったく消えていない。

くり返し述べるが、フクイチ事故後には、**すべての原子力関係者が、「4号機のプールから発生した水素によって爆発が起こった」と考えていたのだ。**全国の原発にある使用済み核燃料プールは、冷却用の電源が失われると、水素を発生して、放置すれば爆発する、ということが、まぎれもない事実だからである。

この浜岡原発と同様に、運転を停止したすべての原子炉が、今もってこわい存在なのである。それを日本人に訴えるために書き起こしたのが、本書である。現在の状況では、今年（二〇一二年）四月には、日本全国の原発がすべて運転停止すると見られてきた。勿論、保安院が目論んでいるように、机上計算のいい加減なストレステストによって、腐敗した自治体首長を抱き込んで、強引にどこかの原子炉が運転再開するかも知れない。電力会社と癒着してきた佐賀県知事・古川康や、経済産業省と癒着して泊原発の営業運転を強行した北海道知事・高橋はるみのように、救いようのない首長が、まだまだ全国にたくさんいるからだ。

だが、どちらに転ぼうと、地震と津波、あるいは電源回路の設計ミスひとつで、電源が失われれば、プールが過熱して水素を発生し、放置すればたちまち爆発する。したがってほとんどの原子炉が運転を停止した現在も、昨年に大地震が起こる前日の三月一〇日と、危険性という点では、まったく変らないのである。運転停止中の原発に対して、使用済み核燃料をそのままにしておくことは、日本人の生き残りにとって無防備というほかない。

どうすればよいのか。

運転を停止した原発はすべて、使用済み核燃料の厳重保管に、急いで着手しなければならない。原子炉内や、プールによる水中の保管は、地震の揺れによるプール損壊や、津波による電源喪失を考えれば、絶対にあってはならない。

したがって、金属製のキャスクと呼ばれる容器に移して、崩壊熱を除去できる設計と、中性子による臨界暴走が起こらない設計を厳重にほどこして、ただちに海岸線から遠い高台の場所に保管させるよう、地元の自治体が電力会社に命じなければならない。

これは、第一章に述べた、六ヶ所再処理工場の閉鎖に伴って、三〇〇〇トン・プールの閉鎖を断行する時にも、同じである。全国の原発から集めた三〇〇〇トン近い、とてつもない量の使用済み核燃料を別の場所に保管しなければならないのだから。

このキャスクの設計は、特別仕様でなければならない。これまで再処理工場に使用済み核燃料を運ぶのに用いてきた輸送用のキャスクのように、一時的な安全対策では不充分である。いかなる金属でも寿命があるので、このキャスクを永遠に使用できるわけではなく、

キャスク

絶対安全な容器はあり得ないが、少なくとも、現在の日本の金属製造企業が持っている最高の技術を結集して、いかに高価な費用がかかっても、取り急ぎ、現状で考え得る最も安全なキャスクに使用済み核燃料を収納しなければならない。そしてそれが終ったら、今後、その取り扱い（保管場所）については、新たな議論を開始しなければならない。

この設計にもまた、もと京都大学原子炉実験所の小林圭二氏のように、人格的に信頼でき、頭脳明晰な原子物理学の専門家が加わる必要がある。

ここまで述べたことだけで、どれほど大変な作業が、日本人の未来に待ち受けているかが、読者にはお分りだろう。逃げてはいけない。目をそらしてはいけない。つまりこれこそ、無責任きわまる電力会社と原子力学者、政治家、報道界、エセ文化人、エセ・エコロジスト、そのほかもろもろの人間たちが放置してきた、高レベル放射性廃棄物の最終処分という、原発のかかえる深刻きわまる究極の問題の本質なのである。「原発を再稼働する」とは、この廃棄物問題を、ただただ大きくふくらませて、道端に投げ捨て、素知らぬ顔で通りすぎようとする人間たちの〝餓鬼道〟の成れの果てである。ここで目をつむる人間は、地獄に堕ち、仏から救いの手は得られまい。金輪際、許されないことだ。

原発を廃止するという行為は、少なくとも、これだけの廃棄物を生み出した責任を負っているわれわれの世代が、子供たちのために、今、問題の解決に第一歩を踏み出すという決意でもある。放射性廃棄物の最終処分は、事実上不可能であることを知っているわれわれだが、全基を廃炉にすることが国家的に決断されたら、われわれもそれを解決するための議論に参加する覚悟がある。廃炉の決定もなく、水道の蛇口をジャージャーと開けっ放しのまま放射性廃棄物をつくり続けている状態であれば、その議論には参加できない。

さて、「第二のフクシマ、日本滅亡」から生き残る道の二、全土の原発を廃炉にし、使用済み核燃料の厳重保管をすませながら、さて次は、いや、次ではない。これと同時に並行して、急いで、子供たちの体をむしばみつつある放射能汚染食品の流通阻止に取りかからなければならない。

第三章　汚染食品の流通阻止のためのベクレル表示義務づけ

日本全土の放射能汚染は、これから何を起こすか

日本全土で、幼い子を育てている家庭や青少年の子供を持つ親に、深刻な不安が広がっている。それは、放射能汚染食品による恐怖から来るもので、科学的・医学的な根拠のある事実に基づく不安である。

この問題を理解するため、まず初めに、福島第一原発メルトダウン事故の最大被災地である福島県の周辺で、どのようなことが起こっているかを知ることから始めなければならない。

フクイチ事故から五ヶ月以上たった八月一七日、政府の原子力災害対策本部が、福島県の一五歳以下の子供一一五〇人を対象にした「三月下旬の甲状腺の内部被曝調査」で、四五%の子供に被曝を確認していたことを発表した。また一〇月下旬には、福島県南相馬市の市立総合病院が、九月下旬から調査した市内の小中学生の半数の体内から、放射性セシウムが検出されたことを明らかにした。

事故発生直後から、福島県のお抱え放射線学者の山下俊一たちが、「安全です。外に出て思い切って空気を吸いなさい」と、トンデモナイ〝殺人的な〟言葉を吐いて、子供たち

に被曝を奨励したため、住民は安全だと思いこんでいたが、これほど時間がたってから、このように深刻な子供たちの被曝を知らされ、父母たちは不安に襲われている。そして今もって福島県内では、個人線量計を身につけ、マスクをして登校している児童が大勢いる。東電と国は、放射能の放出量が減った、などと相変らずの気休めを言って国民を安心させようとしているが、放出量が減っても累積量はますます増え続けているのだ。福島県内では、雨が降るたびに空気中の放射性物質が落とされて地面の空間線量が上がるのだから、トテツモナイ汚染した空気を吸っていることになる。このような状況が放置されていることは、正気の沙汰ではない。

なぜ、このように「放射能・放射線の安全論」が流布するかを、みなさんはご存知だろうか。原発がおそれられてきたのは、極論すれば、「放射能は人体に危険だ」という事実があるからである。すでに第一章・第二章に述べたように、原発と再処理工場は、このままでは間違いなく次の大事故を起こす。その時、放射能が安全であるなら、誰もさしたる心配はしない。そこで原子力関係者は、放射線の専門家と称するエセ学者を育てて、「放射能・放射線の安全論」をふりまいてきたのである。

放射能の汚染地図を見て、危険を覚悟して、愛する郷里にとどまりたい人はとどまって結構である。しかし、このようにエセ学者の言葉に乗せられ、危険性を知らずにとどまって多くの人たちが被曝したことは、許されることではない!! とりわけ、育ち盛りで、細胞分裂の盛んな何も知らない子供たちを被曝させることは、親として、大人として、絶対にしてはならないことだ。

こうした日本人の状況に対して、警告する人たちがいる。フクイチ事故から一九日後の三月三〇日、ヨーロッパ議会の中に設置されている調査グループ「ヨーロッパ放射線リスク委員会」(ECRR——European Committee on Radiation Risk)が、国際原子力機関(IAEA)と日本の公式発表情報から得たデータを用いて、福島原発事故で放出された放射能によって近隣地域で今後発症すると予想される癌患者の増加数を発表した。ECRRは、きわめて独立性の高い科学者集団であり、全世界の中で放射能の危険性を警告するグループとして私が最も信頼する人たちである。

ECRRの予測では、一〇〇キロメートル圏内では、今後五〇年間で一九万一九八六人が癌を発症し、そのうち半数の一〇万三三二九人が今後一〇年間で癌を発症する。一〇〇〜二〇〇キロ圏内では、今後五〇年間で二二万四六二三人が癌を発症し、そのうち約半数の一二万八九四人が今後一〇年間で癌を発症する、との結果であった。

図15　ECRRの報告書に基づく癌発生予測地図

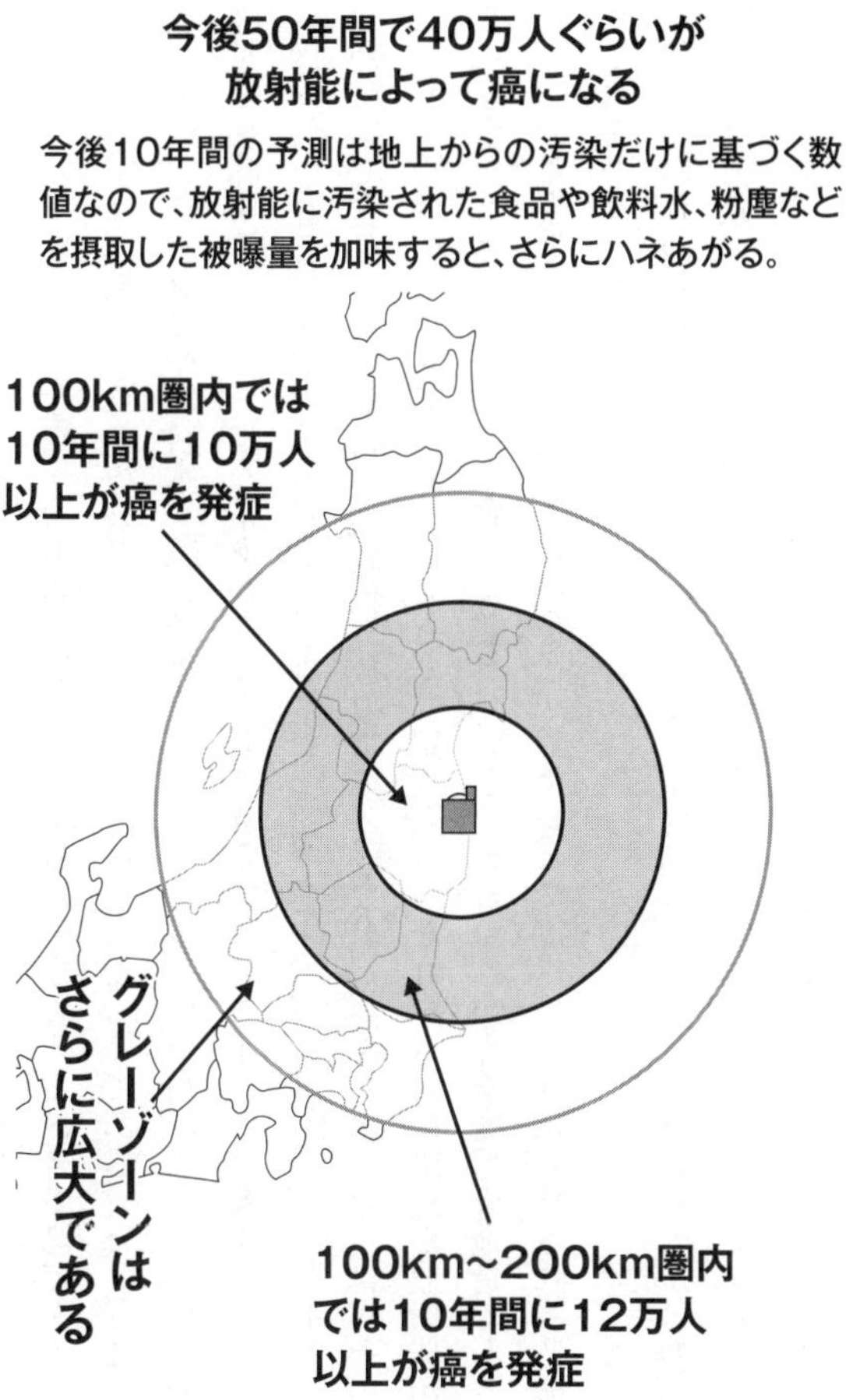

今後50年間で40万人ぐらいが
放射能によって癌になる
今後10年間の予測は地上からの汚染だけに基づく数値なので、放射能に汚染された食品や飲料水、粉塵などを摂取した被曝量を加味すると、さらにハネあがる。

東日本大震災の犠牲者は、ほぼ二万人とされているが、その一〇倍を超えるおよそ二二万人が、二〇〇キロ圏内で今後一〇年間で癌を発症するというおそるべき予測である。

これらの数字は、地上からの汚染だけに基づいて計算されたものである。ということは、放射能に汚染された食品や飲料水、特に子供たちが吸いこみやすい粉塵などを摂取した内部被曝量を加味すると、さらにハネあがると予測される。このヨーロッパ報告書は、ICRP（国際放射線防護委員会）の計算が内部被曝を考慮していないことを強く批判しているが、わが国で食品の放射能暫定規制値（放射性セシウム五〇〇ベクレル／kg）は、そのように抜け穴だらけのICRPの基準値をもとに定められ、それをもとに国民が放射能汚染食品を「安全だ」と思いこんで、食卓に並べている。われわれが高濃度汚染地帯であることを知っている土地の産物を使った料理番組が、テレビで毎日のように放映され、芸能人たちがそれをパクパク食べて見せている。

果たして、われわれが子供たちに食べさせている食品は、安全だと言えるのか。勿論、図15に描いた癌発生予測地図は、このような同心円で簡単に求められるものでないことは、言うまでもない。放射能は、日本列島の背骨にあたる山脈に遮られて落下し、圧倒的にフクイチのある太平洋側に大量に降り積もり、分水嶺の太平洋側にほとんど戻ってきたので、日本海側の山形県や新潟県では、この同心円内でも被害者の数ははるかに少なくなる。また、三月から四月の事故直後には、人口の多い関東地方に大量の放射能が流れたので、東北地方北部に比べて、首都圏のほうが、はるかに危険性が高い。フクイチから三〇〇キロ圏内は、この報告書で計算されていないのでグレーゾーンとされてきたが、日々、高い放射能汚染が首都圏で検出され始めて、千葉県、埼玉県、東京都、神奈川県でも、汚染に対する不安が高まってきた。

アメリカのノースカロライナ大学免疫学者スティーブ・ウィング助教授の計算では、最初の五年で甲状腺癌と甲状腺異常が顕著になり、次に五〇キロ以内の地域で肺癌の発症率が今より二〇%上昇して、一〇年で骨腫瘍や白血病、肝臓癌が増えてくるため、今後一〇年以内に癌を発症する人は一〇〇万人単位になる可能性があるとしている。ヨーロッパ報告書やウィング助教授の計算の信憑性はどれほどあるのだろうか。

以下に、この問題を、過去の人類の体験に基づいて、読者と共に考えてみたい。

放射能の基礎知識

フクイチ事故後の現在、かなり多くの人がガイガーカウンターなどの放射線の測定器を購入して、各地の放射線量を測るようになってきた。その時、放射能の基礎知識を持っていただきたい。ここで測っている単位のシーベルトは、空気中を飛来する放射線を測る空間線量と呼ばれるもので、主にヨウ素とセシウムが出すガンマ線の量である。

しかし、放射能の危険性を示す尺度には、図16に示したように四種類のものがある。

第一が、放射性物質そのものが持っている危険性の大きさを示す単位キュリーまたはベクレル（一キュリー＝三七〇億ベクレル）。

第二が、放射性物質から出た放射線の強さを測る単位レントゲン。

第三が、その放射線が物体や人体に当たった時の被ばく線量（線量当量）を示す単位シーベルト（旧単位レム。一シーベルト＝一〇〇レム）。

第四が、人体においては個々の臓器（内臓）や骨などによって吸収量が異なるということに基づいて計算される吸収線量（放射線が生物に吸収されたエネルギー）を示す単位グレイ（旧単位ラド。一グレイ＝一〇〇ラド）。

そこで、多くの人が空間線量のシーベルトを測って、危険度の目安としているが、私が知りたいのはその数字ではなく、日本のどこに、どれだけの放射性物質が沈着したかという絶対量、すなわちキュリーまたはベクレルである。

図16　放射能の危険性を示す四種類の尺度

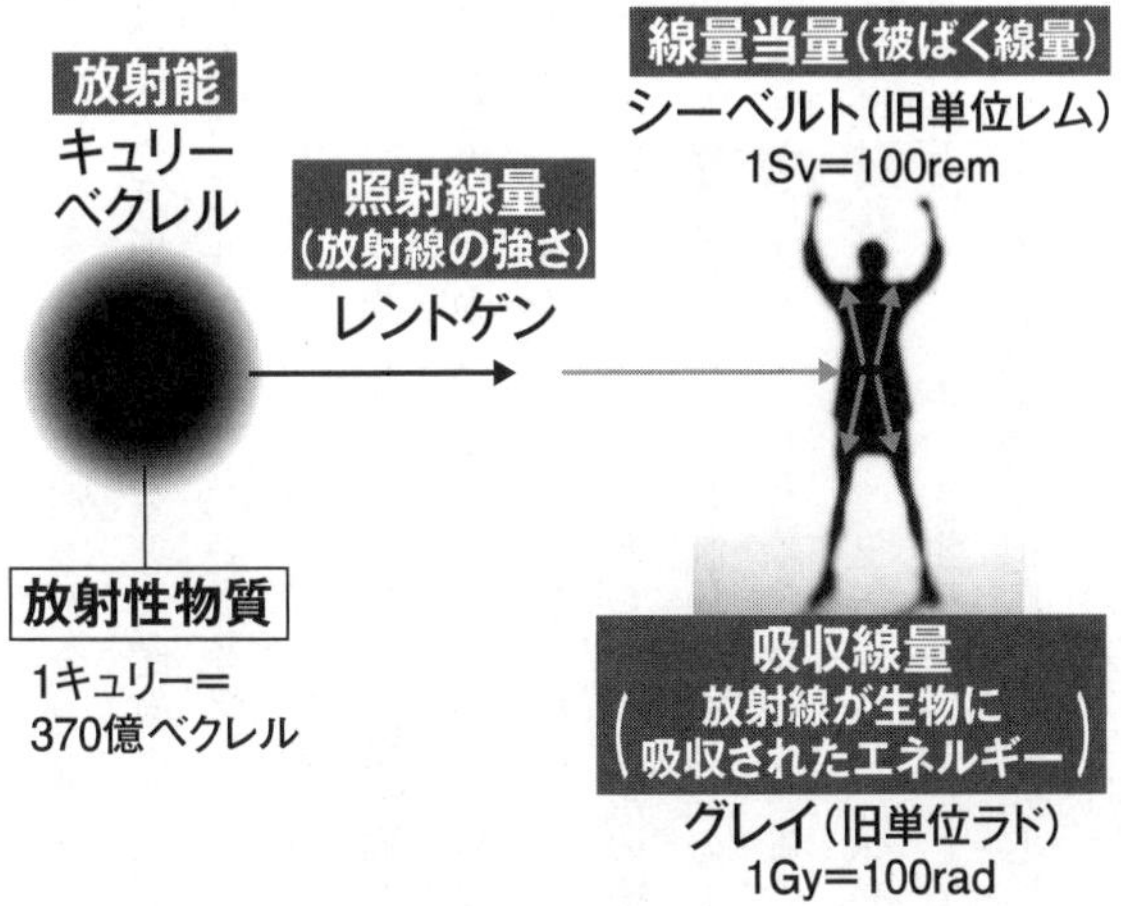

放射線の専門家と称する人間たちによって、ベクレルとシーベルトの換算式がまことしやかに横行しているが、これは個人差を無視したもので、実は医学的には何の根拠もないことを知っておかなければならない。この放射線の専門家たちは、人体の医学（病変）についてまったく無知な理系であるため、単に計算によって危険度を数値で正確に判断できるという、まったく誤った考え方に染まっている。それが問題なのである。

　というのは、個人差は千差万別だからである。同じ量の放射性物質を体内に取りこんでも、いま生まれて毎日大きくなる赤ちゃんと、成長が完全に止まった高齢者や、大相撲の関取が同じであるはずはない、ということは誰にでも分るはずだ。その個人差は、まさに千差万別である。○男と女、○妊婦と、出産後の女性と、妊娠していない女性、○幼児と、青少年と高齢者、○白人、黄色人種、黒人(北方系か南方系か)、○大きな人間と小さな人間、○肥満とやせっぽち、○大食いと少食、○病弱者と頑強者というように、実に「膨大な数の組み合わせ」がある。

すでに病気を持っている人間は、放射線被曝を受けて病状が悪化しても、被害はまったく無視され、それまでの持病が病因とされる。その傾向は、病気になりやすい高齢者でも同じである。また、人種ごとに体内酵素などが異なるし、甲状腺被曝の被害者は圧倒的に女性に多い。それにもかかわらず、一定の換算式によって、被ばく線量や吸収線量を勝手に計算し、あるいは暫定規制値なる食品の安全基準が定められている。このように、根本的な誤りからスタートして論じられているのが、日本の放射線医学である。つまり、放射能だけを中心に危険度を考えることは、人体の作用、細胞の変化を無視した非科学的な態度であるということを、まず最初に理解しておかなければならない。

私自身は、工場技術者を退職後、一九七〇年代に、水俣病、イタイイタイ病、薬害のスモン病、光化学スモッグなどの大公害時代に直面して、この被害者たちの窮状を海外に伝える作業から入って、医療分野に道をとり、海外の最新の文献の翻訳に従事しながら、毎日、山のような患部写真を見ながら、臨床医学を学ぶ機会を得た。医学書では、単語ひとつ間違えれば大変なことになるので、くわしく解剖学を学びながら、その中で出会って体得したのが、日本ではほとんど無視されていた予防医学の思想と、放射能の危険性であった。医学という言葉は、日本では一種の確立した学問ととらえられ、物理学のように数字と数式で単純に解明できる、いわゆるアカデミックな学問と思われているが、ヨーロッパにおいては、病人の体験とその治療にあたった人間の「体験に基づく知識の集積」としてとらえられている。

体験に基づく知識の集積によって成り立つのは、医療だけではない。体験に基づいて作物を育てる「農業」も同じである。四季折々、日々の天候を読み、厳しい変化と戦いながら土をつくり、虫を育てる農耕は、北海道と九州ではまったく異なる。にもかかわらず、そこに経済論理を当てはめようとするメディアのエコノミストたちは、常に机上の計算をして誤った結果を導く。穀物、野菜、魚を組み合わせる「料理」もまた、機械の生み出す自動車のような工業製品とまったく異なる職人仕事である。「地震学」も体験と調査に基づく知識の集積という点では医療と同じである。数式で解いてはいけないのが医療だ、という教えを忘れてはならない。古代バビロニアでは、病人が通りに坐って、町行く人たちが彼らと会話を交すことによって病気の根絶を図ったという。こうした苦しむ病人の体験を中心に考えることが、予防医学の基礎的な思想である。医師は、病人を治すことを職業とする前に、病人を生み出さないようにすることが本来の務めである。その基本を忘れた医師が、日本には多すぎる。

時には、疾患の原因を突き止めるために疫学調査によって医学統計をとることはあるが、それはあくまで目安となる数値であり、個々人の苦しみを代弁するものではない。とりわけわれわれが今日直面している大規模な原発事故と被曝の問題は、人類が一九七九年のスリーマイル島原発事故によって初めて体験したことであり、以来、一九八六年のチェルノブイリ原発事故を経て、わずか三三年足らずの体験と知識しか持っていないので、これから何が人体に起こるか、確たることは、まだ誰も知らない。それぞれの内臓にどれほどの放射性物質が濃縮するかを人体解剖によって初めて確認し、個人差がきわめて大きいという事実が突き止められたことでさえ、チェルノブイリ原発事故のあとである。メンデルの遺伝の法則から考えれば、潜伏性遺伝の影響は数世代も経たなければ判明しない出来事である、とアメリカ・ヨーロッパでは警告されている。つまりフクイチから放出された放射能の危険性については、医師であろうと放射線科学の専門家であろうと勝手に判断する権利は天から与えられていないし、正しくは、被曝した本人が判断するべきことである。その時、予防医学の立場から、すでに苦しんできた被害者の声に耳を傾けることが第一であり、謙虚さを備えて現地調査をした人の言葉を参考にして判断すべきである。

チェルノブイリ原発事故からフクイチ事故を考える

そこで、どれほどの放射能が日本に降り積もったかを考えてみよう。保安院と東京電力がIAEAに提出した六月の報告書には、「福島第一原発から放出された放射能の推定値は、ヨウ素換算で七七万テラベクレル（およそ二億キュリー）」と書かれている。

770000000000000000ベクレルとは、一兆ベクレルの七七万倍である。この数値を基に、われわれが食している放射能汚染食品の危険性を知るため、二六年前、人類史上最悪の体験となったチェルノブイリ原発事故における体験を振り返ってみる。

ただし、保安院の推定値は、私自身がフクイチの原子炉破壊状況から推定してきた量よりずっと少なく、すでにヨーロッパの学者たちの解析によって小さすぎることが報告され、実際には、これよりはるかに多かったと考えられている。ノルウェーの研究機関が推定した福島第一原子力発電所の事故に伴って放出されたセシウム137の総量は、保安院の六月推定値一万五〇〇〇テラベクレルの二倍を超える三万五八〇〇テラベクレルであると、一〇月に報告されている(Atmospheric Chemistry and Physics 誌)。これは、一九八六年に起こった史上最大のチェルノブイリ原発事故時の放出量の約四二%に相当する。またこの研究グループは、原子炉の自動停止直後にすでに放射能の大量放出が始まっていた強い証拠があるとし、地震発生時(津波来襲前)に原子炉に構造的なダメージがあった可能性を鋭く指摘し、田中三彦氏の配管破損説を裏付けている。

チェルノブイリ原発事故の汚染分布を示す図17は、ソ連が崩壊後に、ロシア、ベラルーシ、ウクライナの三国に分裂後、地元の人たちが分析した貴重な図である。チョウチョのような形をした大汚染地帯は、半径ほぼ三〇〇キロメートルにおよび、医学的には、飲食と生活を禁止しなければならないほどの危険区域である。この地図は、一平方キロメートルあたりのセシウム137の濃度が、四段階に分類されて示されており、この医学的危険区域に対してソ連政府がとった処置は、下記の通りであった。

放射能単位 Bqはベクレル。Ciはキュリー。1キュリー=370億ベクレル。

①「第1区域」(土地没収/完全閉鎖地域) ——1,480,000 Bq/m^2 = 40 Ci/km^2 を超える

図17　チェルノブイリ原発事故のセシウム137
汚染分布地図

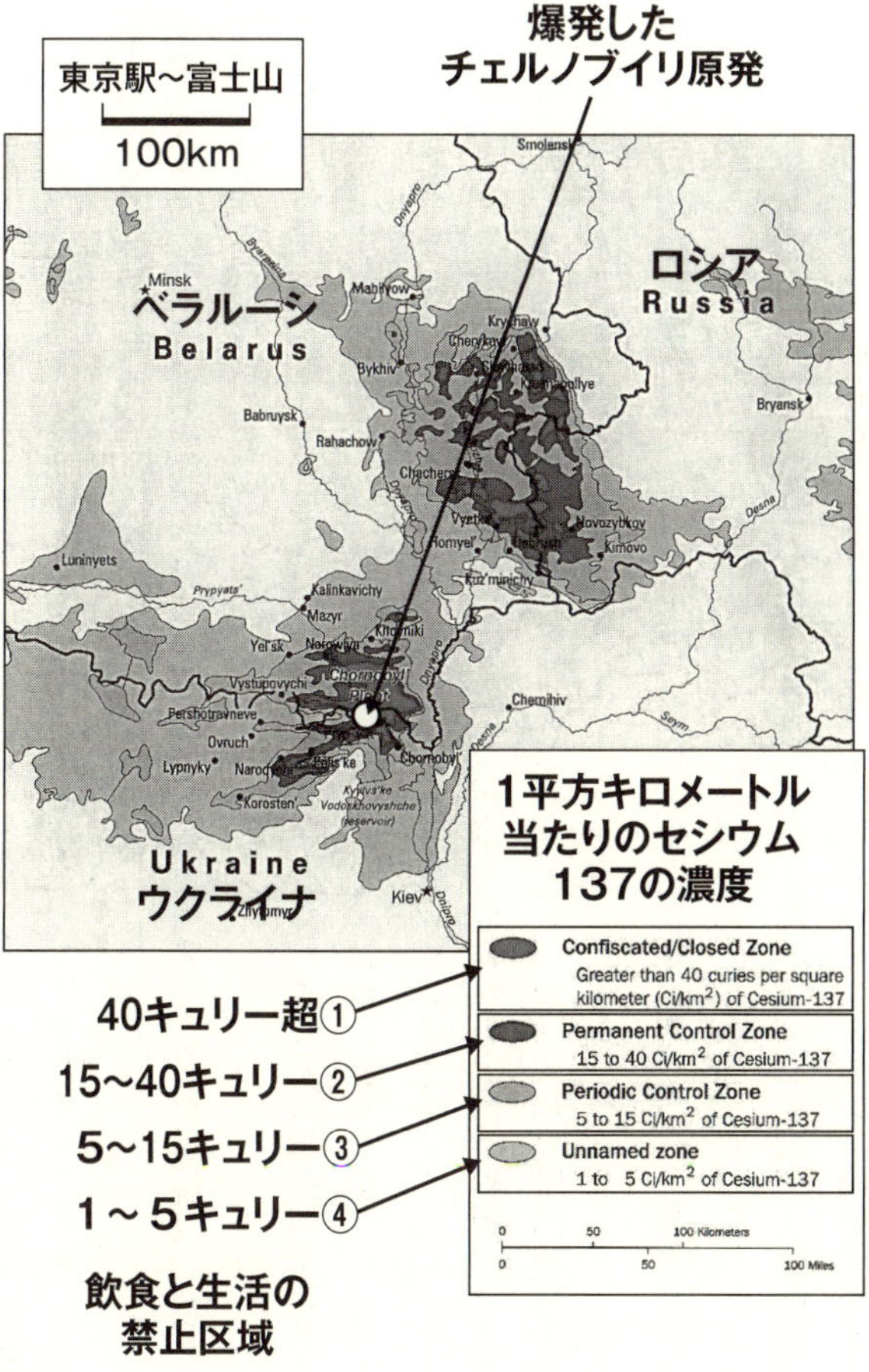

②「第2区域」(住民全員が永久避難)——550,000〜1,480,000 Bq/m^2 = 15〜40 Ci/km^2

③「第3区域」(後日帰還の可能性はあるが、避難勧告。希望者は移住できる)——185,000〜555,000 Bq/m^2 = 5〜15 Ci/km^2

④「第4区域」(住民を強制避難はさせないが、厳重に健康管理しながら危険地域に放置)——37,000〜185,000 Bq/m^2 = 1〜5 Ci/km^2

図中に東京駅〜富士山の距離一〇〇キロが示してあるように、これらの総面積があまりに広大であるため全住民を避難させることは不可能だとして、厳重に監視しながら、第4区域には多くの住民がいまだに生活している。この汚染分布図が示す通り、爆発して吹き飛んだチェルノブイリ原発からの距離と、汚染度は、比例していない。当時の雨・雪と風向きなどの気象によって、このような汚染分布になったことは、現在の福島県内の汚染分布が、やはりまだら状になっている現状と同じである。

このチョウチョ型の汚染区域における最も外側が、最も低い汚染度で、「一平方キロメートルあたり一キュリー」=「一平方メートルあたり三万七〇〇〇ベクレル」を超える地帯である。この放射能の高さは、原発内部のような放射線管理区域において、放射線防護服の着用が必要とされる危険地域である。大病院でも、一キュリーの放射性物質を扱うことはない。人間の体内で組織（細胞）に影響を与えて問題になるのは、ピコキュリー、つまり一兆分の一キュリー（1/1,000,000,000,000 Ci）からであり、一〇〇ピコキュリー（三・七ベクレル）では細胞分裂の盛んな乳幼児～青少年の世代にとって危険領域に入る。

チェルノブイリ原発事故の発生後、日本でも、ヨーロッパの基準に従って、食品を輸入禁止とする放射能の基準は、放射性セシウムについて「食品一キログラムあたり三七〇ベクレル（一億分の一キュリー）」以下であった。これが、横浜税関などの検査官が飛び上がって驚く危険物であり、これを超えた食品は本国に送り返された。この一キログラムあたり三七〇ベクレルという危険なセシウム汚染食品の比重を一と仮定した場合、これを一平方キロメートルの面積に一〇センチの厚さで敷きつめた状態が、「一平方キロメートルあたり一キュリーの汚染地帯」ということになる。食べてはいけない汚染食品をぎっしり埋めつくしたと同じ土地、それがチェルノブイリの最も低い汚染区域である。このような土地の上で、人間が生活できるだろうか。その土地で穀物や野菜の食べ物を栽培して、人間が生きられるだろうか。そこに子供たちが遊び回って、まともに生きられると思う人がいるだろうか。

チェルノブイリ原発事故後のヨーロッパの汚染食品規制は、一キログラムあたり三七〇ベクレルだったが、ヨーロッパの医師たちは乳幼児に対してはその一〇分の一の三七ベクレル以下にすべきだとし、オーストリアでは乳幼児食品は一一ベクレルにしていた。

さらに福島第一原発事故後、ドイツ放射線防護協会は、それよりさらに低い値にすべきだとして、乳児、子供、青少年は一キログラムあたり四ベクレル、大人でも八ベクレル以上のセシウム137を含む飲食をしないよう提言している。ところがフクシマ被曝当事国の日本では、一キログラムあたり五〇〇ベクレルである。ここに厳格な規制を適用すれば、食べ物が足りなくなるために、致し方なくドイツの一〇〇倍以上というとてつもなく高い基準を定めて、日本人みながパクパク食べている。医学常識では考えられない法外な基準を設定してしまい、四九九ベクレル以下はすべて安全として、超危険な食品が流通してきたのである。このままでは子供たちの体内に大変なことが起こる。

内部被曝を野放しにするおそるべき暫定規制値と言わねばならない。

一〇月にベラルーシの放射能安全研究所の副所長が来日して、「日本の食品規制値は理解できない。なぜ子供の規制値がないのか」と批判した。とりわけベラルーシにおける飲料水の放射性セシウム規制値は一キログラムあたり一〇ベクレルだが、日本ではその二〇倍の二〇〇ベクレルであるという重大な問題が指摘された。

表２　食品の暫定規制値

内部被曝を野放しにするおそるべき暫定基準

ヨウ素131

対　象	放射性ヨウ素
飲料水 牛乳・乳製品	300Bq/kg
野菜（根菜・イモ類を除く） 魚介類	2000Bq/kg

放射性セシウム

対　象	放射性セシウム
飲料水 牛乳・乳製品	200Bq/kg
野菜 穀類（お米） 肉、卵、魚、その他	500Bq/kg

ウクライナの基準と比べても、日本はとうてい文明国とは言えないほど危険な基準を定めてきた（次頁の図18）。特に、毎日の主食である米（穀類）がこれほど数値の高いまま、秋から米の収穫時期に入って、放射能汚染問題が深刻になったのは当然であった。

汚染肉牛の流通事件は、膨大な汚染食品のほんの氷山の一角の、そのまた一角にすぎない。この牛肉は、大騒ぎを巻き起こして、高

図18　食品に含まれる放射性セシウムの基準値のウクライナとの比較

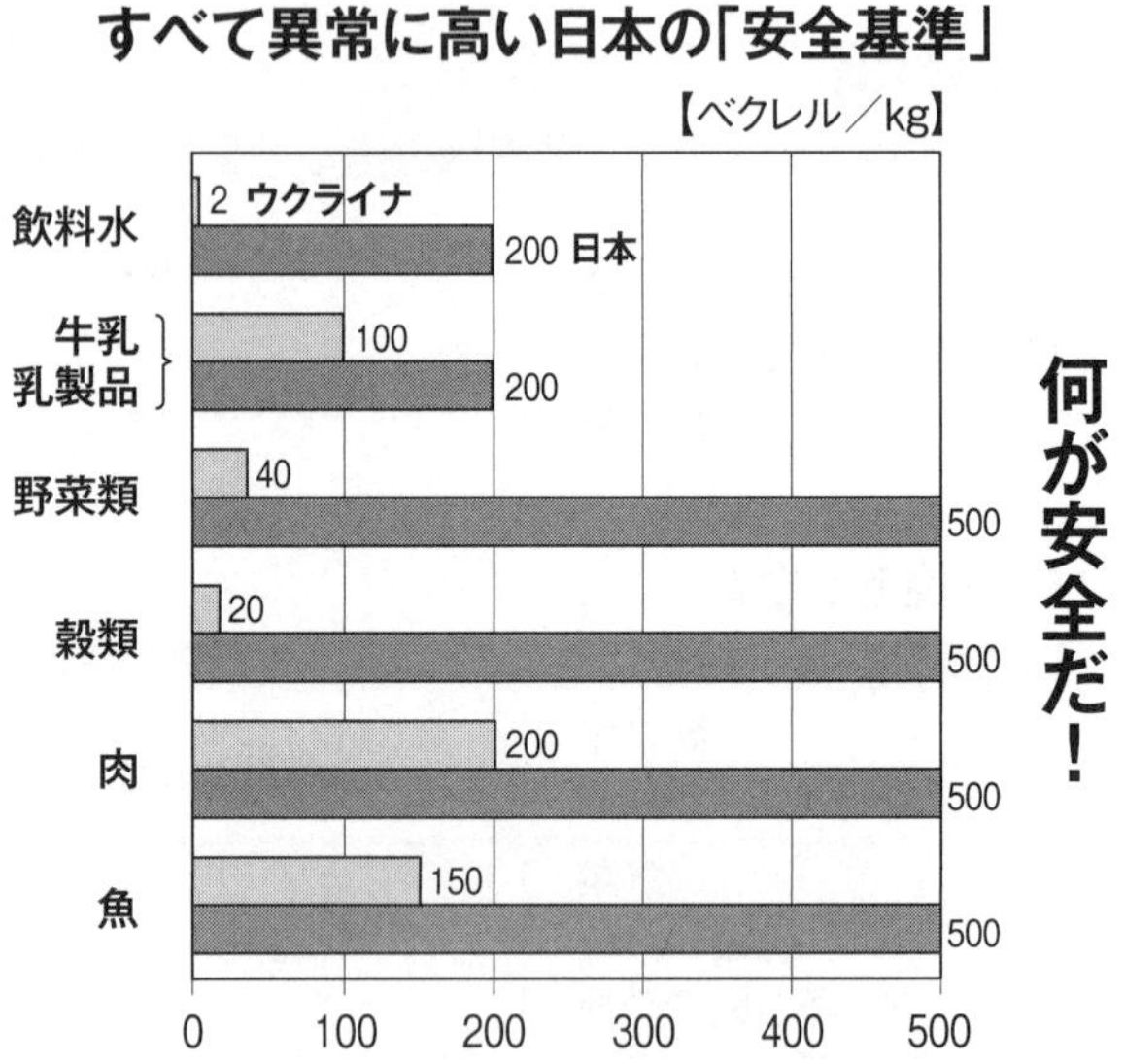

濃度汚染肉牛の流通を食い止める出荷規制に進んだ。ところが、同じ汚染肉牛の内臓は、信頼できる食品業者によれば、牛がセシウムを最初に吸収した部位であるにもかかわらず、大汚染の発覚後もまったく検査されないまま、全量が関西に送られ、ホルモン焼きの食材として、みな食べられ、関西人の胃袋におさまってしまったという。

牛の汚染は、稲ワラだけが原因とされたが、それは、稲ワラを犯人にしなければ、事件を収拾できないための口実であり、原因が稲ワラだけであるはずはない。牛は毎日飲む大量の水から放射能を摂取し、鼻からも牛舎の中に飛び交う放射性物質を吸いこんできた。水に含まれる放射能は、濃度としては微量でも、生物に取りこまれて濃縮されるからである。

アメリカのハンフォード再処理工場における、コロンビア川における生物体内の放射性物質の濃縮は、水の中の放射能濃度が低くとも、プランクトンから始まって、魚、アヒルへと高等動物になるに従って、どんどん濃縮が進む食物連鎖（生物サイクル）のおそろしさを教えた（次頁の図19）。福島県沖では、七月頃からそのプランクトンや、海底に棲息する生物に放射能の濃縮が始まっているので、次第に魚への濃縮が進んできた。とりわけ図19のように、水辺の幼い動物の五〇万倍と、水鳥の卵の黄身での一〇〇万倍という濃縮度は、「微量・低濃度」と軽く考えられがちな放射能が、重大な影響を幼い世代にもたらすことを警告している。水鳥の卵の黄身とは、人間における女性の卵子のことだからである。

母体となる女性は、自分の子供に対して最大の愛情をもって、栄養を与えるようにすぐれた体内メカニズムを持っている。妊娠中の女性は自分の甲状腺よりも、むしろ胎盤を通じて、体を成長させる成長ホルモンに必要なヨウ素を胎児の甲状腺に集める。特に妊娠中

図19　食物連鎖による放射性物質の濃縮

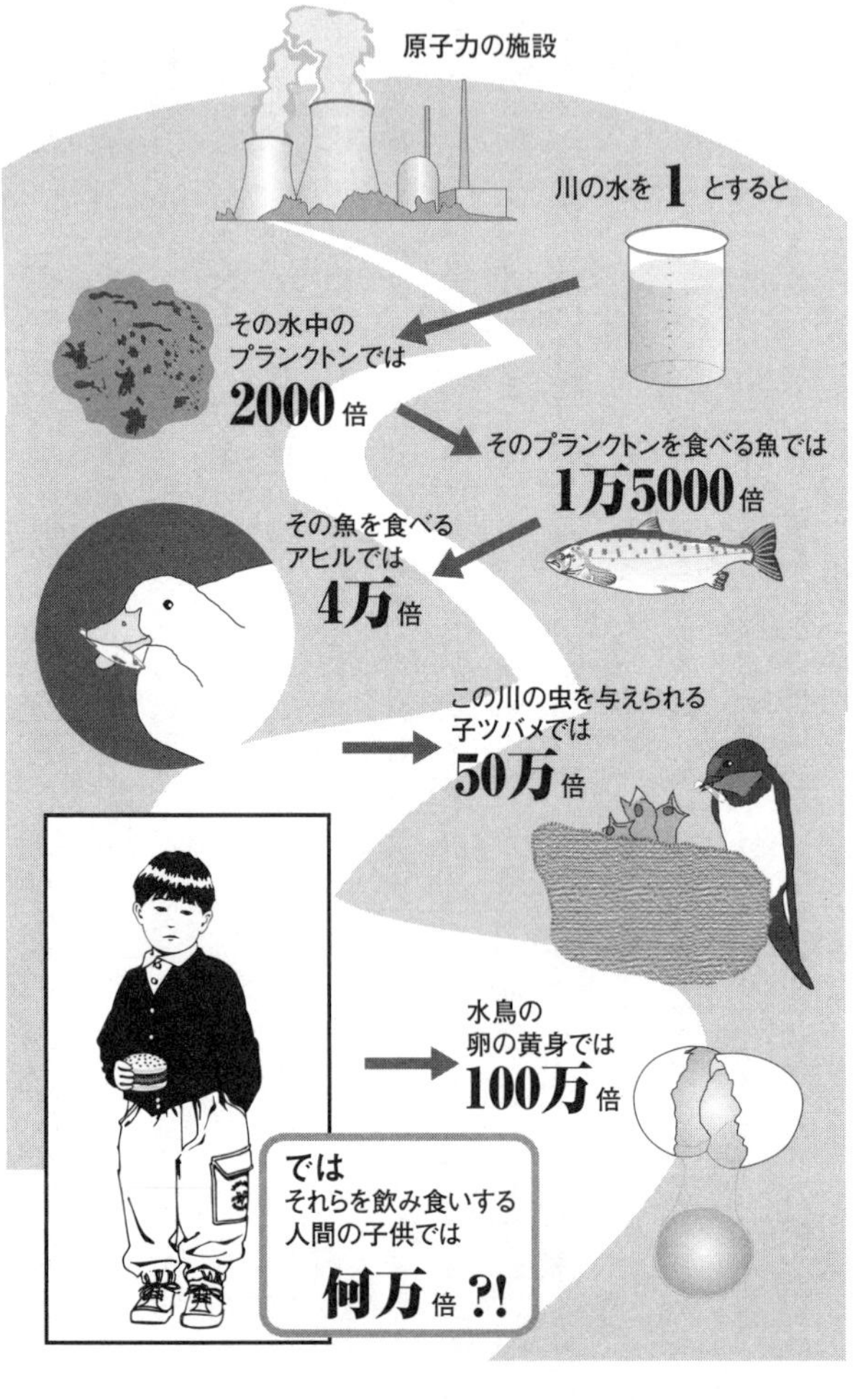
原子力の施設
川の水を1とすると
その水中の
プランクトンでは
2000倍
そのプランクトンを食べる魚では
1万5000倍
その魚を食べる
アヒルでは
4万倍
この川の虫を与えられる
子ツバメでは
50万倍
水鳥の
卵の黄身では
100万倍
では
それらを飲み食いする
人間の子供では
何万倍?!

期を過ぎた頃から、盛んに胎児の甲状腺にヨウ素を集め、胎児の成長ホルモンをつくらせる。さらに出産後も、母乳を通じて、自分の体よりも赤ちゃんに栄養を与えるようになっている。出産後の授乳期間に、母親は、赤ちゃんを産んでお乳を与えている間、母体の甲状腺にはヨウ素をあまり送らず、ほとんど乳腺に集め、お乳から赤ちゃんに送る。そのすぐれた働きが、放射能汚染地帯では逆に作用して、胎児や新生児に最大の放射能を与える結果になるのだ。

東京電力は、福島第一原発からの放出放射能は、「大幅に減少した」と発表して、これが国民に「以前より安全になった」という誤った印象を与えているが、トンデモナイ嘘である。フクイチが放出する放射能は、年末でも大気中だけで一ヶ月に四〇〇億ベクレル以上に達して、地上への累積量は日々ますます増えているのだ。

分りやすい放射能の解説のような記事が、しばしば新聞紙上に書かれているが、それを読むと、甲状腺癌を起こすヨウ素131は、すでに完全に消えた、という論調のものが多い。これは、科学的に間違いである。放射性物質には、放射能が半分ずつに減る「半減期」があるだけだ。1/2を何百回かけてもゼロにはならないので、放射性物質は、永遠に消えない。1/2を次々に掛け算する算数ができれば、誰でも分ることである。ヨウ素

図20 放射性物質の半減期

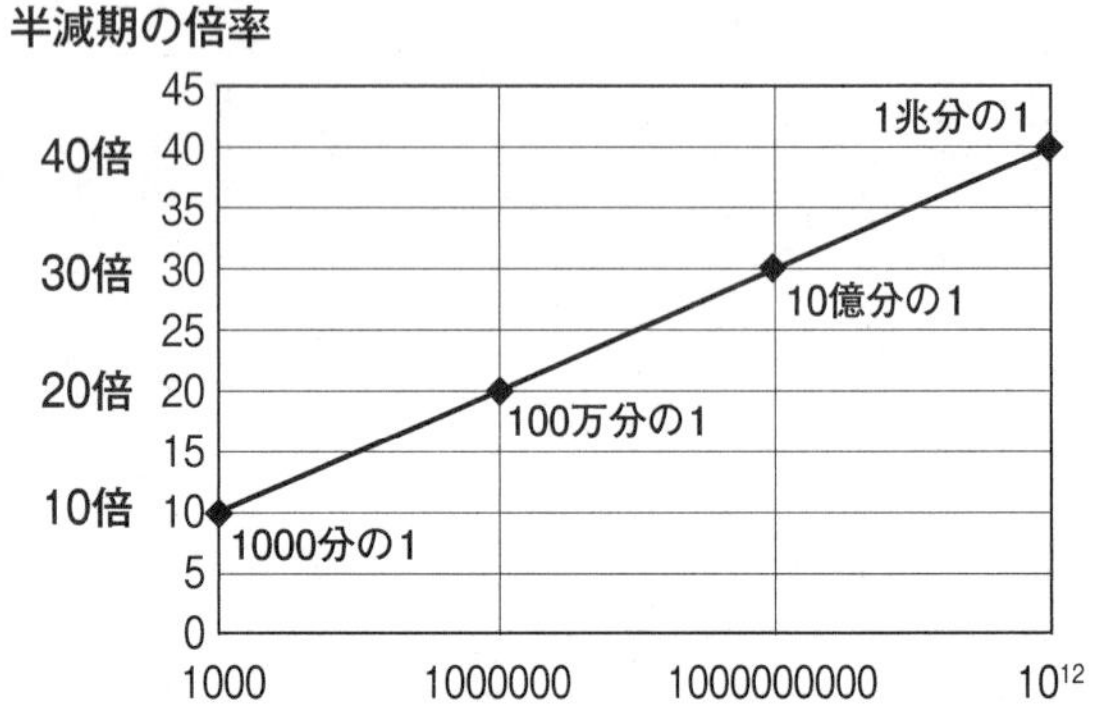

ヨウ素131であれば、8日×40倍=320日≒1年
セシウム137であれば、30年×40倍=1200年

131の半減期は八日（ほぼ一週間）なので、すでに消えたと思っているのだろうが、図20のグラフのように、一兆分の一にまで減るには、半減期の四〇倍の時間がかかる。ヨウ素131であれば八日の四〇倍、つまり三二〇日、およそ一年を要する。

なぜ一兆分の一を考えるかと言えば、先に述べたように、保安院推定値でさえ「福島第一原発から放出された放射能は七七万テラベクレル」、つまり一兆ベクレルの七七万倍である。天文学的な量が放出されたフクイチ事故では、そのレベルの減少をみて初めて、かなり減った、と言えるようになるのだ。セシウム137の半減期は三〇年なので、一兆分の一にまで減るには、一二〇〇年の歳月がかかる。一二〇〇年前とは、桓武《かんむ》天皇が京都に平安京を開いて、それから平安時代が四〇〇年続いた、という気の遠くなるような時間の長さである。東京電力は、それほどおそろしい取り返しのつかない犯罪を、われわれの国土に対しておこなったのである。

北海道から沖縄まで全国に拡大する放射能汚染

物質がガス化する温度（沸点）は、水であれば一〇〇℃だが、つくば気象研究所では、沸点が四八七七℃のテクネチウムが検出されているのである〈沸点は資料により異なるので、本書では以下すべて『化学便覧 基礎編 改訂5版』（二〇〇四年、日本化学会編、丸善）の値を用いる〉。このつくば気象研究所は茨城県内で、フクイチから遠く一〇〇キロ以上も離れた場所にある。

したがって三月に福島の原子炉でメルトダウンした核燃料の温度は、三〇〇〇℃をはるかに超えて、少なくとも部分的に四〇〇〇℃を超えていたと考えられる。沸点は、ヨウ素が一八四℃、セシウムが六七八℃、ストロンチウムが一三八四℃なので、これら甲状腺癌、肉腫、白血病を誘発する危険な放射性物質は、ほとんどすべてが気化する温度をはるかに超えていた。そして、メルトダウン事故発生の翌日（三月一二日）から、第二章に述べた通り、ベントによって内部の放射能を、福島県の空に好き放題に放出してきた。プルトニウムでさえ、沸点はテクネチウムより一六〇〇℃以上も低い三二三二℃である。そうなると、当然、内部被曝で特に重大な影響をおよぼすストロンチウムとプルトニウムも、ガス化して大量に放出されたと考えなければならない。沸点三七四五℃のウランでさえ、かなりの量が出たはずだが、誰も分析していない。

これらストロンチウムが出すベータ線と、ウランやプルトニウムが出すアルファ線は、ガイガーカウンターでは、まったく検出できない。日本の各地の土壌汚染、および食品の汚染を知る場合に最も重要な指標は、したがって空間線量（シーベルト）より、どれほどの放射性物質が福島原発から放出され、それがどこに、どれほど降り積もったかという沈着量（ベクレル数）なのである。

文部科学省が航空機モニタリング調査と称して、東北地方、関東地方など各都県の空間線量と、放射性セシウムの沈着量汚染地図を公表してきたが、〝比較的正しい〟のは空間線量だけである。文部科学省の調査は、大型放射線検出器を積んだヘリコプターが上空一五〇～三〇〇メートルを飛行して、地上に降り積もった放射性セシウムから出るガンマ線を測って、地上一メートルの空間放射線量に換算している。この換算が、そもそも信頼できない。さらにそのあと、この空間線量を用いて、土壌一平方メートルあたりのセシウム量を机上計算で算出している。彼らは、土壌を直接分析していないのだから、沈着量については、まったく信用できない。空間線量と沈着量は、「土が表面に出ている場所や森林」では、〝ある程度〟の相関性を持っているので、ほかの地域と比べる場合の相対的な危険性の目安にはなるが、数値自体には信頼性がない。大都会のようにコンクリートとアスファルト、ビルだらけのところでは、まったく危険性の尺度を示していない。

私は、フクイチ事故の発生後、孫たちを西日本に逃がしたが、実際にコンクリートとアスファルト、ビルだらけの東京でどのような放射能被曝が進行しているか、いくら考えても分らなかった。おそらく、東京・新宿の高層ビル街には、大量の放射能がぶつかって降り積もったはずである。皇居や新宿御苑のように土が豊富な場所の汚染度はかなり高いだろう、と想像してきた。

これに対して、市民グループの「放射能防御プロジェクト」が首都圏の土壌汚染を実際に調査した結果をインターネット上（http://www.radiationdefense.jp/investigation/metropolitan/）で公開してくれたので、首都圏の人間はこれを誰もが見なければならない。

ほぼ六月時点での、植え込みや庭、公園などにおける土壌の放射性セシウムの沈着量が出ているが、この数値を見ると、東京の平均でさえ、チェルノブイリ原発事故の後にソ連政府が汚染区域の第4区域として指定した危険地帯とほとんど変らないではないか。

このグループの測定は、都県によってサンプリングの数が異なっているので、平均値だけが危険度を正確に示すのではないが、東京の測定地点は五六ヶ所と多いので、これはかなり正確な指標と見てよい。チェルノブイリ汚染の第4区域は、住民を強制避難はさせないが、厳重に健康管理をおこないながら危険地域に放置してきた場所にあたり、放射性セシウムが一平方メートルあたり三万七〇〇〇〜一八万五〇〇〇ベクレル（一平方キロメートルあたり一〜五キュリー）である。東京の平均はこれとほぼ同じ三万ベクレルなのだ。

たとえば文部科学省の航空機モニタリング調査結果で、わが家のある東京都杉並区は、ほとんど無汚染地帯となっているが、一〇月末にわが家の庭の土を採取し、市民測定室として最も信頼できる「たんぽぽ舎放射能汚染食品測定室（代表・藤田祐幸氏）」で分析して、土壌一キログラムあたりの数値を教えてもらった。その結果を、チェルノブイリ汚染地で使われてきた面積あたりの換算係数を用いて計算すると、セシウム汚染度は一平方メートルあたり一万七一六〇ベクレルもあり、近くの公園は九万二二三五ベクレルであった。ま

図21　首都圏土壌調査結果

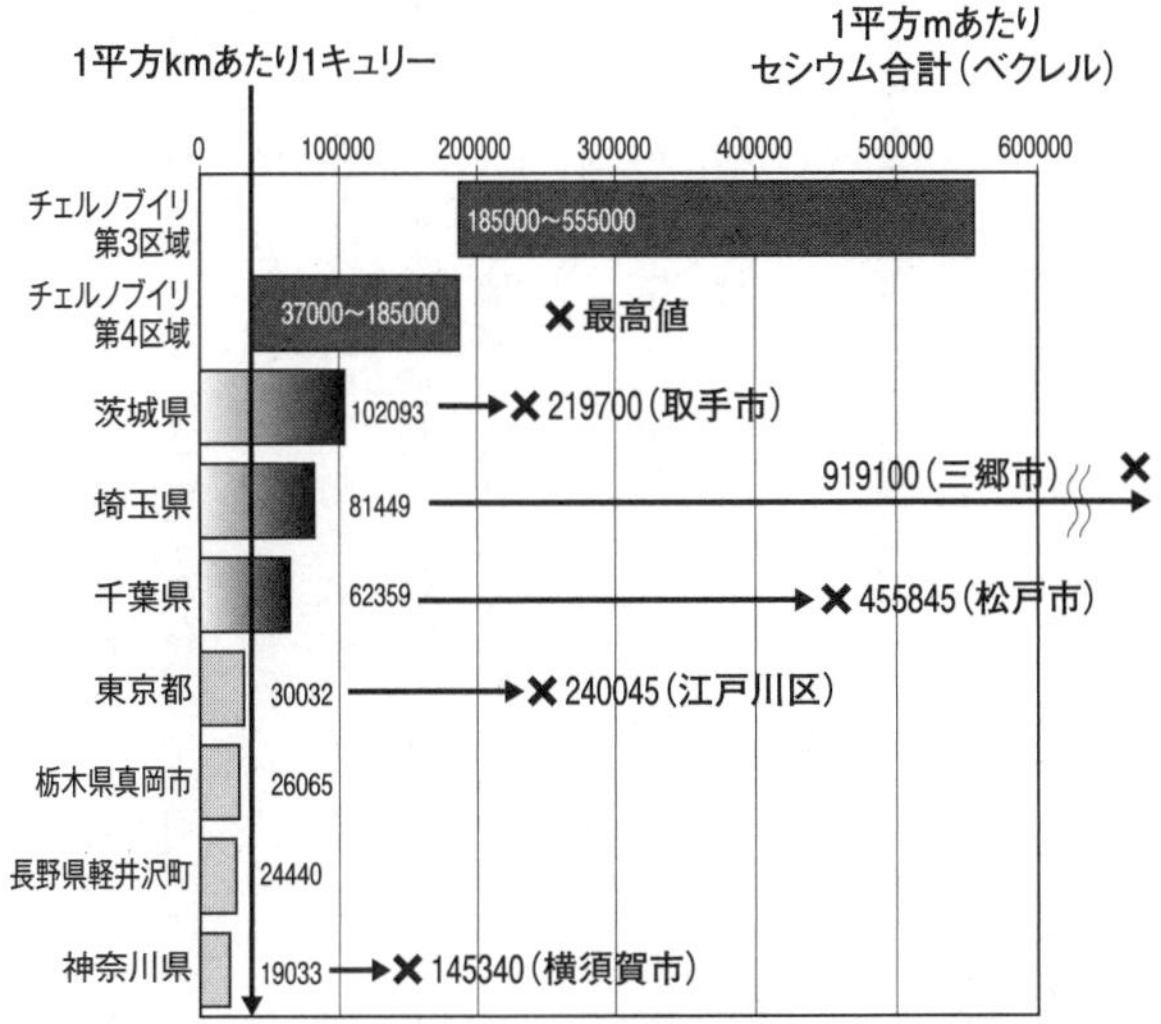

2011年6〜7月における
放射能防御プロジェクトによる
首都圏土壌調査結果より
（栃木県、長野県以外は平均値）

さにチェルノブイリの第4区域に該当する汚染度である。公園は、幼い子供たちが遊ぶ場所である。

首都・東京の人口は一三〇〇万人で、近隣の千葉県、埼玉県、神奈川県にも膨大な人が住んでいるので警告しておきたいが、東北地方北部より首都圏のほうが、汚染度はこのようにはるかに高いのである。

福島県の場合は、これがケタ違いに高くなる。福島第一原発から四〇キロの距離にある飯舘《いいたて》村の土壌汚染は、一平方メートルあたり東京の三万どころではなく、三二六万ベクレルの汚染度で、そこに村民は長いあいだ放置され、生活してきた。そして酪農家たちは、大汚染を知らされてから、家族同然に育ててきた乳牛と別れを告げ、涙を流しながら屠畜場に送り出した。大熊町の一地点では、最高値三〇〇〇万ベクレルを記録した。

すでに放射能汚染は、福島県から北へ宮城県、南へ栃木県、群馬県、山梨県、長野県、茨城県、埼玉県、千葉県、東京都、神奈川県、静岡県にまで拡大し、ヨーロッパのEUを含む四三ヶ国と地域がこれら一二都県からの農産物輸入を禁止または規制している（二〇一一年一一月末現在）。それればかりか、汚染度が非常に低い青森県でも、津軽名産のリンゴは、これまで大量に輸出していた台湾などアジア諸国に輸出できなくなっているという話を現地で聞かされた。

食品による内部被曝の危険性

これまで多くの人は、カウンターを持って放射能の高さを測って自衛してきたが、これらの数値は、たびたび説明したように、空間線量である。それはヨウ素やセシウムのような放射性物質が出す、遠方まで到達するガンマ線を測定した値である。しかし、お待ちなさい。汚染食品の問題は、体内被曝によって起こるのだ。また、カウンターや分析器を使って放射能を測定する人たちは、何度も測定を重ねるうちに「異常に大きな値」に出会うようになる。すると必ず、次第にその大きな数値とほかの数値を比較して、実は危険であるのに「随分低いなあ」と感じる〝測定馴れ〟という人間の落とし穴に陥るようになる。したがって常に、フクイチ事故前の正常な低い値と比べる心構えを失ってはならない。

いま述べたような汚染度が東京の平均的な土である。さらに、東京都の食料自給率は一％なので、一三〇〇万都民はすべての食料をほかの土地に頼っている。首都圏・関東地方の人間が食べている食品は、一体、どのような代物なのか。

それを考える前に、放射能の基礎知識に戻る必要がある。何が、どれほど危ないかは、シーベルトという数値よりも、すでに被害を受けた人たちに尋ねるのが、最も確かであり、公害問題などの調査で基本とすべき態度である。スリーマイル島原発事故やチェルノブイリ原発事故で、どれほどの被害者が出たのであろうか。チェルノブイリ事故から二年後の一九八八年に講談社がヴィジュアル雑誌の〝ＤＡＹＳ　ＪＡＰＡＮ〟を創刊した。フォトジャーナリストの広河隆一氏が全世界を回って資料写真を集め、私が執筆した。その冒頭に、私は次のように書いた。

「九歳の少女が失明しようとしています。この地図を見て下さい。私のまわりの人が次々と倒れてゆきます」――これは、一九七九年三月二八日のスリーマイル島原発事故から九年後にスリーマイル島現地住民のメアリー・オズボーンさんが語った言葉であった。スリーマイル島原発事故ではほとんど放射能が放出されなかった、と口を揃えてみなが言っているのは大嘘である。しかし福島第一原発事故に比べれば、その放射能はケタ違いに少なかった。ところが彼女は、多くの地元民に異常が出ていることを知って、一軒ずつドアをノックして、最もつらい被害調査をした。そして事故から九年後にできあがったのが、このスリーマイル島周辺の癌・白血病の分布図（図22）である。

円の中心にスリーマイル島原発があり、癌・白血病が集中している方向に、放射能が大量に流れたのである。私が、いますべての日本人に見てもらいたいのが、この実害である。事故から九年後にこうなったなら、これよりはるかに大量の放射能を浴びてきた日本では一〇年後に、何が起こるか。日本人とは、そんなことも分らない民族なのか！

いま子供たちの体内で、この地図をつくろうとしているのだ。このまま汚染食品を放置して、一〇年後、三〇年後に疫学調査の結果が出た時には、子供たちが病院の病室で、静かに苦しんでいる。しかし、われわれは、そのような疫学調査の結果が出るのを、待って

図22　スリーマイル島周辺の癌・白血病の分布

スリーマイル島原発事故ではほとんど放射能が放出されなかった、と口を揃えてみなが言っている。

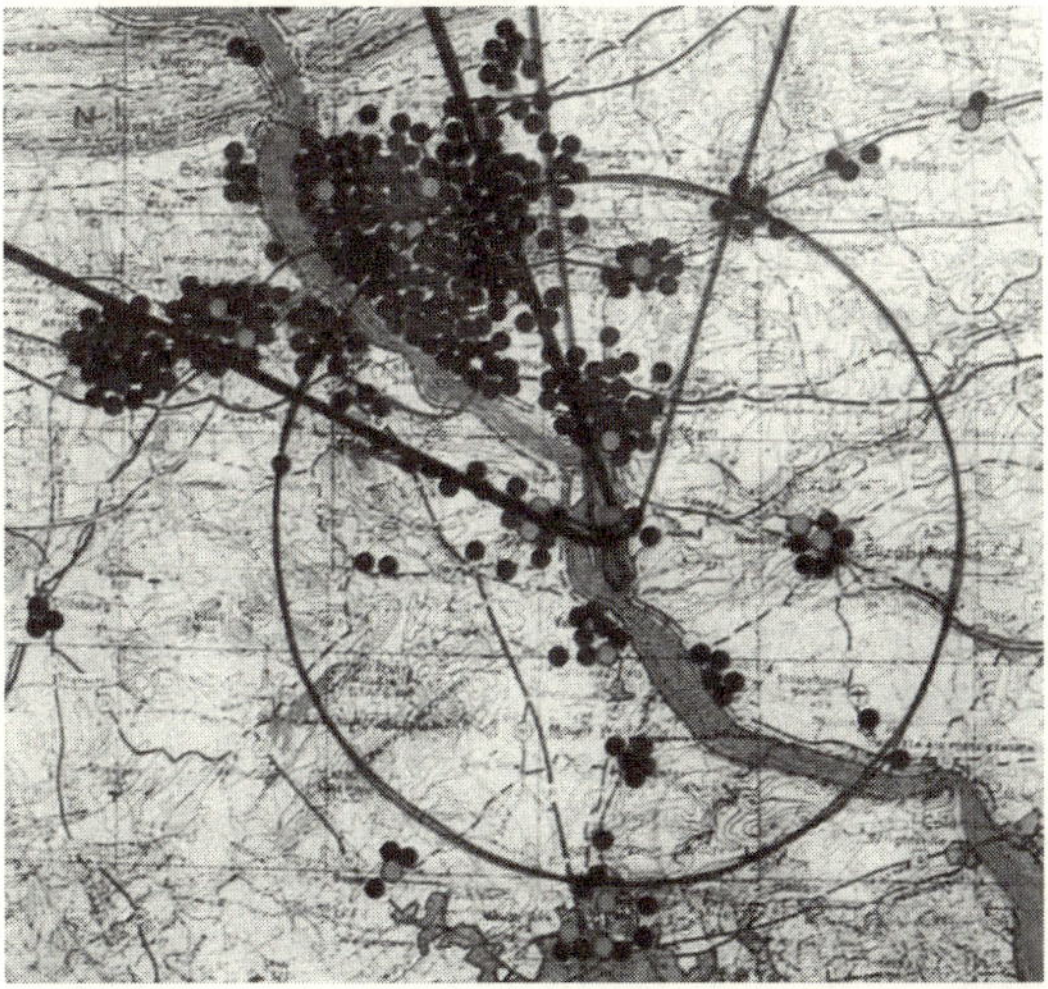

（広河隆一氏提供）

いてはいけない。疫学調査などには何の意味もない。あらゆる手段をつくして、これを何とか、食い止めなければならない。もはや、放射能の危険性を悠長に議論している時ではない。この事実から、考え始めることだ。

　もし放射能の被害を信じない人がいるなら、二〇〇三年のアカデミー賞短編ドキュメンタリー部門でオスカーを受賞したマリアン・デレオ監督作『チェルノブイリ・ハート』を見ていただきたい。読者に最も知ってほしい「病院で何が起こったか」を記録した映画である。勇気をもって、事実を知ることが大切だ。この映画のナレーションには、次々と信じられない言葉が出てくる。

——チェルノブイリ原発事故では、死亡者のうち半分が子供であった。ベラルーシのゴメリ州では、事故後に甲状腺癌の発症率が一〇〇〇倍に上昇した。ミンスク市では先天性重度障害児の出産数は膨大な数に達し、脊髄損傷、脳性麻痺、水頭症など、奇形児の出生率が二五倍になった。生まれてくる子供のうち、健常児は一五～二〇％である。映画のタイトルとなった「心臓・肺の疾患」は非常な数に達している。——

こうした重度障害児を生み出した原因として考えられることは数々あるが、その一つは、当時のヨーロッパ人がわれわれに教えたチェルノブイリ汚染地帯での、染色体異常であった（図23）。

染色体は、遺伝情報を伝える本体である。これが異常になった親からは、当然のことながら、重度障害を持った子供たちが生まれる確率が高くなり、子供たちに大きな重荷を負わせることになる。さらに最近、二〇一〇年三月二二日、アメリカ小児科アカデミー学会誌に掲載された「チェルノブイリ汚染地域における重度障害児の発生率」"Malformations

図23　ベラルーシ住民に見られた染色体異常

チェルノブイリ原発事故後、大汚染地帯ゴメリなどの住民の染色体に見られた異常。ガンマ線では起こり得ない。プルトニウムまたはそのほかの長寿命核種のアルファ線による異変。

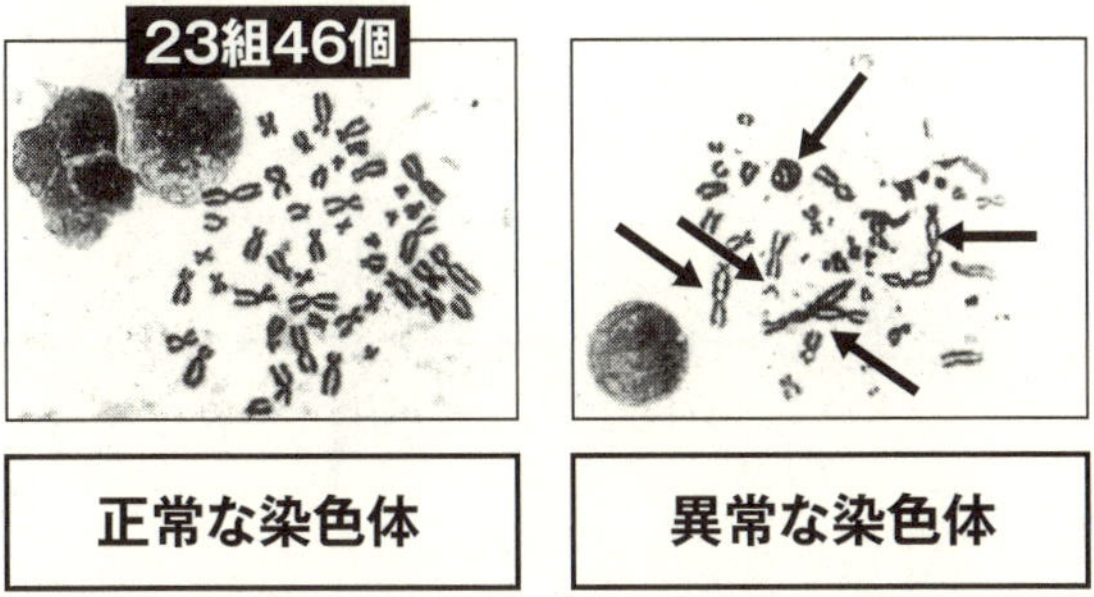

in a Chornobyl-Impacted Region."という論文がある。それによれば、二〇〇〇〜二〇〇六年に常時低線量被曝地帯のリウネ（Rivne）地方で生まれた九万六四三八人の新生児の奇形発生率は、ヨーロッパで最も高かった、とある。ここは、175頁の図17（チェルノブイリ原発事故のセシウム137汚染分布地図）に示したチョウチョの形をした最も外側にあたる低汚染地帯である。現在も、世界的には、こうした医学的な問題が論じられている。これが二六年前に起こった原発事故の実情である。まだ人類には、放射能被害がどれほど深刻で、何十年後まで続くかさえ分っていない。

　こうした医学的な基礎事実に基づいて、

図24 放射線の透過能力

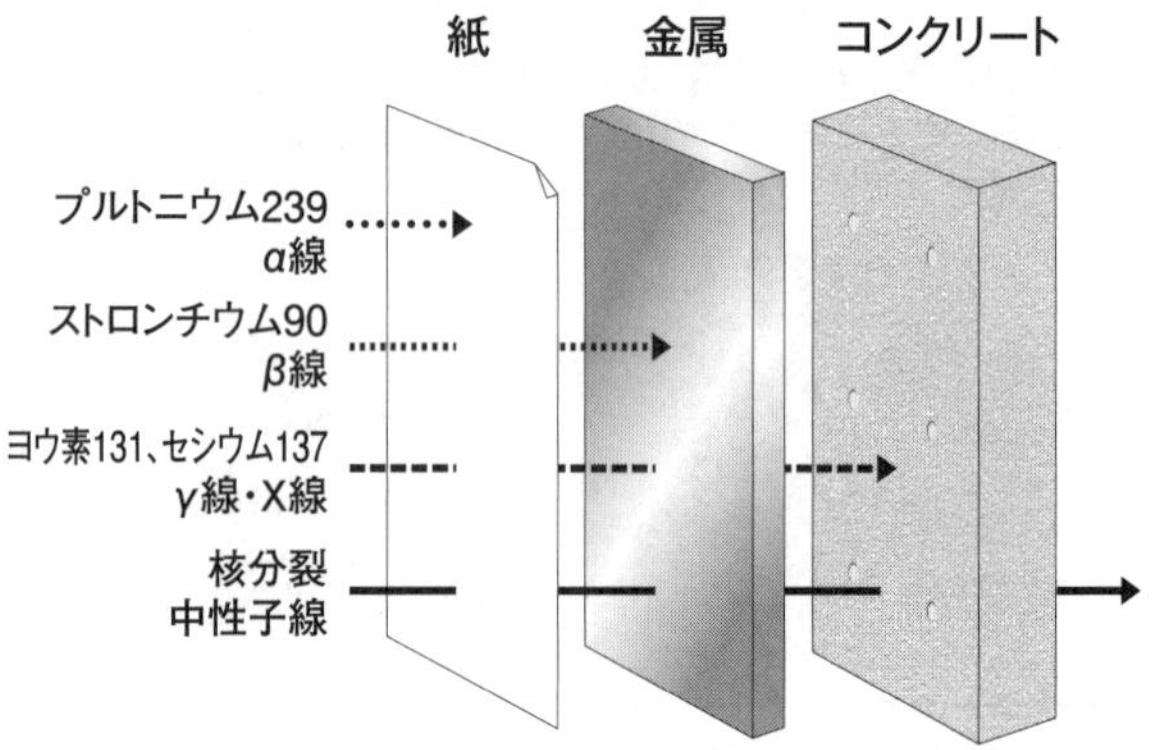

いよいよ、われわれが直面している汚染食品の問題を考えてみよう。

放射線には、アルファ線、ベータ線、ガンマ線、中性子線の種類があり、それぞれの透過能力は、おおまかに描くと、図24のようである。最も透過力が高い中性子線は、一二センチのコンクリートも貫通する。逆に、アルファ線とベータ線は、空中をほとんど飛ぶことがないので、測定できず、フクイチ汚染で無視されているが、発生源のプルトニウムやストロンチウムが体内に入ると最も強力な細胞破壊を起こす。一二年ほど前の一九九九年九月三〇日に茨城県東海村で起こったＪＣＯの臨界事故では、作業者の大内久さんが、致死量を超える中性

図25　X線による低線量被曝

15年間にわたってX線によるくり返し低線量を被曝した医師の手の皮膚癌

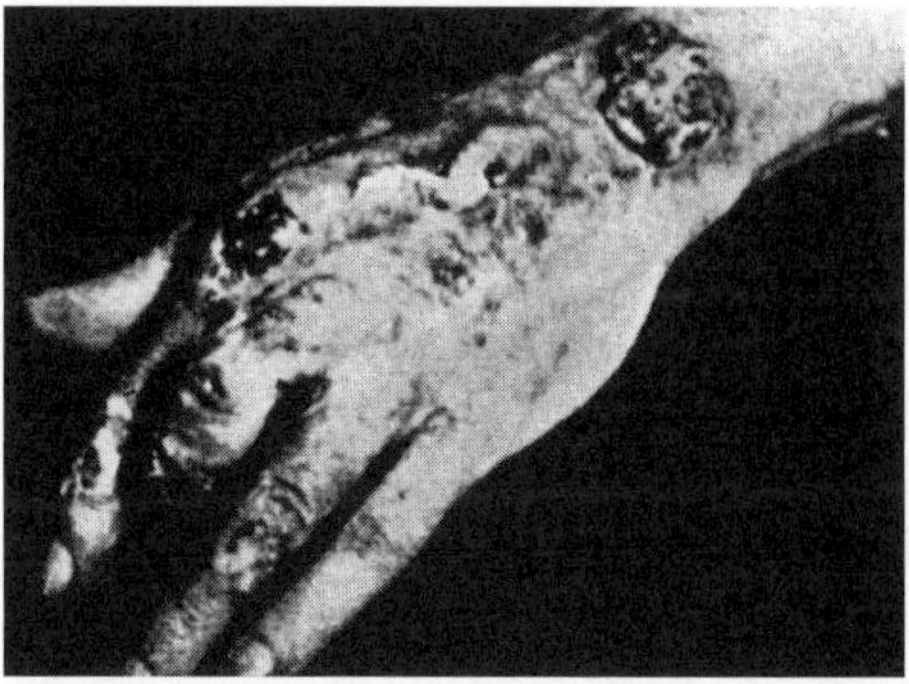

This is the hand of a physician who was exposed to repeated small doses of x-ray radiation for 15 years. The skin cancer appeared several years after his work with x-rays had ceased. Cancer incidence depends on radiation dose. From Meissner, William A. and Warren, Shields: Neoplasms, In Anderson W.A.D. editor; Pathology, edition 6, St. Louis, 1971, The C.V. Mosby Co.

子線の被曝をして、三週間を過ぎたあとの大内さんは全身が免疫力を失って、体の内部組織から全身が破壊され、八三日目に亡くなった。

大内さんが受けたのは、透過力の高い中性子線だったので、被曝後の症状は外部からも凄惨な様相を呈した。これと同じように、一五年間にわたってX線によるくり返し低線量を被曝した場合にも、写真（図25）のように医師の手に皮膚癌が生じている。古くから知られているこの医師の症例こそ、汚染食品による体内被曝の危険性を如実に証拠づけている。病院で使われるレントゲン撮影のX線とは、いま日本全土を汚染した放射性ヨウ素とセシウムが放出するガンマ線と同じ電磁波だからである。ガンマ線を人工的につくり出したものが、X線である。皮膚は、口を通じて体内の臓器につながっている組織である。したがって体内に摂取した汚染食品から放射線を浴びると、これと同じメカニズムによって、体内に癌などの病変を生み出すのである。

答を言うなら、先に論じた放射能の単位一ベクレルとは、一秒間に一個の原子崩壊を起こす放射性物質の量を意味し、一秒間に一発の放射線が飛び出している状態のことである。したがって、日本で暫定規制値としてきた「一キログラムあたり放射性物質五〇〇ベクレル」の食品とは、その一〇分の一の「一〇〇グラム食べれば一秒間に五〇発の放射線」を浴びる食べ物である。一時間ではその三六〇〇倍、一八万発の放射線を体内組織が浴びる危険物である。二四時間浴びれば……一年浴びれば……

癌がおそれられるのは、癌細胞が自己増殖し、さらに全身に転移して命をむしばむからである。ところが放射線障害は、統計的にとることができる癌だけではない、という事実が忘れられている。免疫力を低下させることによって、全身にさまざまな症状をもたらす。われわれが子供たちを守る手段は、この体内ベクレルをでき得る限りゼロに近づけることでしかない。決して、文部科学省が飼っている専門家と自称する人間たちが勝手な計算をし、もっともらしく新聞紙上で書かれているいい加減な被曝量シーベルトではない！　彼らの計算には、医学的な根拠などまったくない。

文部科学省とは、文部省と科学技術庁が合体した官僚集団である。そこに入りこんだ科学技術庁は原子力を推進して福島第一原発事故を起こした悪名高い組織である。実体は、文部「原子力省」なのだ。その文部科学省が、全国の自治体の教育委員会の人事を差配して、学校長や教員に圧力をかけ、まったく怪しげな人物を連れてきて「放射線の講座」などを開き、学校の教師向けに「放射線副読本」を大量にばらまき始めた。こんな人間たちを放射能の権威とし、子供を持つ親たちが信用すること自体が間違っている。

しかも国の放射線審議会の基本部会が、一〇月には、年間一ミリシーベルトの被曝線量上限を、勝手に二〇ミリシーベルトに引き上げてしまった!!　日本はまともな外国人からまったく信用されない破滅的な被曝国家となっている。

余りに悲しいことで、決して口にしたくないことながら、フクイチ事故後の三月から四月に放射能が大量に噴出した最も危険な時期に、われわれ日本人は、取り返しのつかないほど、子供たちや青少年が大気中の放射線を浴びるに任せ、放射性物質を体内に取りこむに任せてしまった。国家が馬鹿であっただけでなく、国民も大半が愚かで無知だったから

図26　4月7日午前中の放射能汚染―1

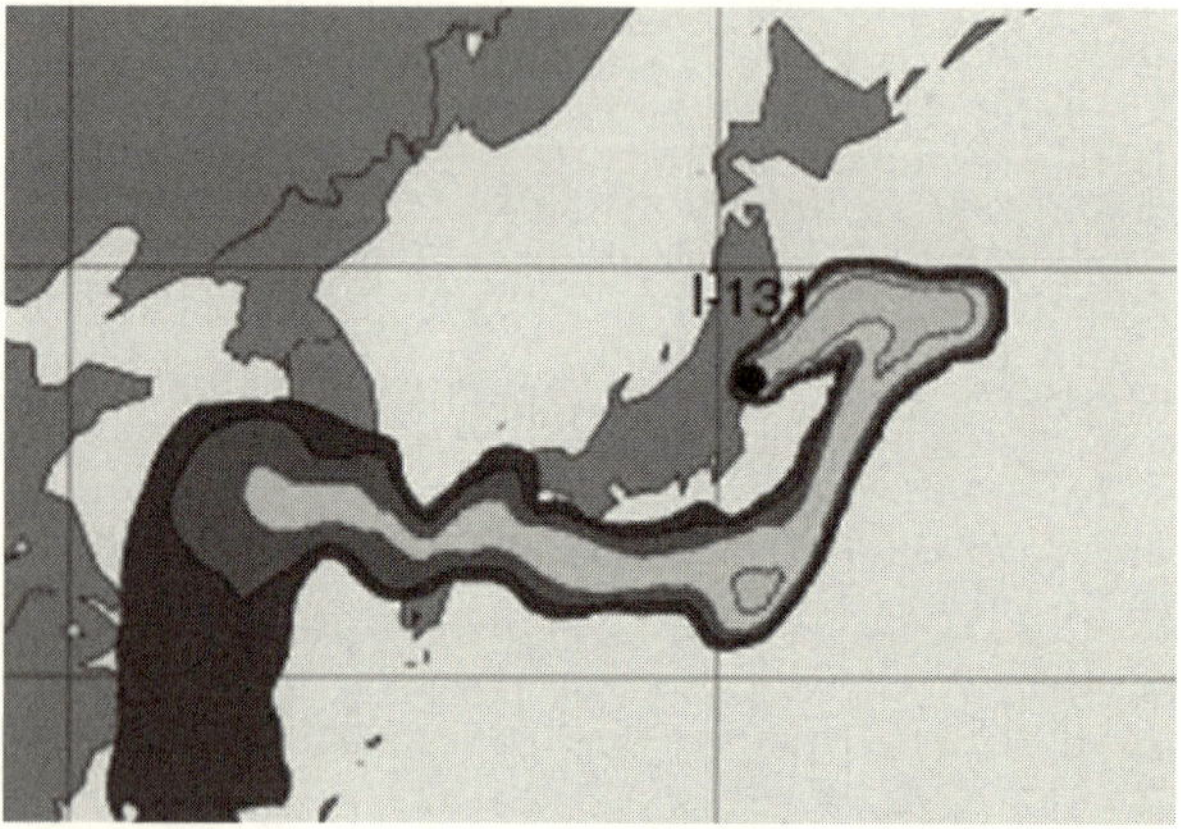

ドイツ中央気象観測所ZAMGの資料より作成

である。それでも、決してあきらめるわけにはゆかない。今からわれわれにできることは、子供たちや青少年の体内に累積するベクレル数を、できるだけゼロに近づけることでしかない。つまりは、汚染食品の規制を、これまでの何百倍も厳しくしなければならないのである。

実は、五月一一日に福島大学が上空の放射線量調査結果を公表した結果によると、〇・九～二・六キロメートルという大学上空で高い放射線量が観測されていた。すでに放射性物質は、成層圏にまで滞留して、アメリカまでフクイチから出たプルトニウムが到達し、地球全体を包んでいるのである。

4月7日深夜の放射能汚染—2

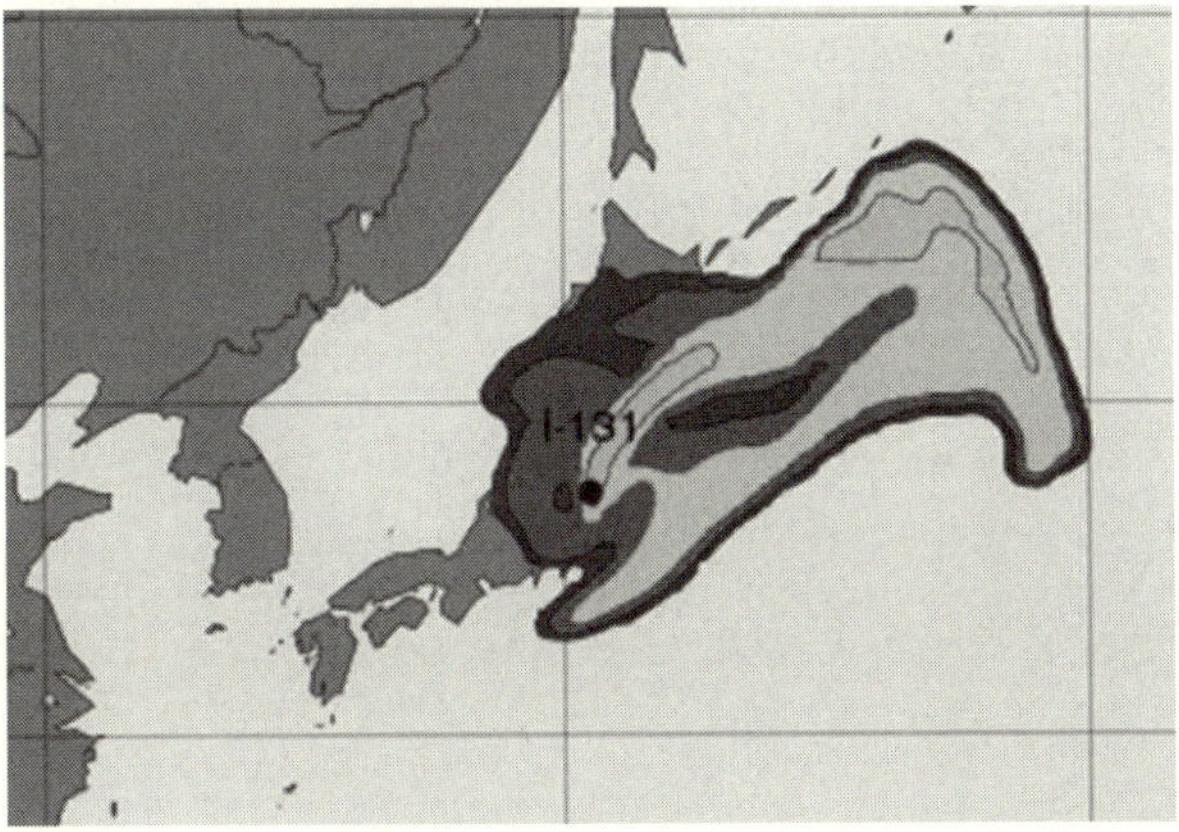

たとえば四月七日に日本をなめつくした放射能汚染の図を示すと、図26のようであった。

現在の日本人が直面している最大の問題は、福島第一原発事故の初期に放出された大量の放射性物質による空間線量（体外から受ける被曝）から、現在は、食品と飲料水、粉塵を通じて摂取される放射性物質の体内被曝に移ってきている。つまり、内部被曝を起こす汚染食品の流通が問題だ。子供たちを守るために、給食を筆頭に、食卓の食べ物には厳重に注意を払っていかなければならない。事故から九ヶ月近くなった一一月末に、ようやく「子供たちの給食の基準　一キログラムあたり四〇ベクレル以下」というニュースが出て、文部科学省が子供の危険性を考え始めたと思ったら、厚生労働大臣の小宮山洋子が、二日後には「これは給食の基準ではない。放射能の検出限界を四〇ベクレルにするよう通知しただけだ」と否定して、〝殺人的〟な厚生労働行政の代表者たるおそるべき人間性をあらわにした。

汚染食品の流通問題は、東日本の人より、西日本の人のほうが、「自分は安全だ」という幻想に身をゆだねて油断しているので、心していなければならない。

誰しも、病院を訪れて、医者から病名を告げられることを望まないが、患者となって病名を告知された場合には、それを認めて適切な治療を求めるはずだ。それと同じように、今の日本は、一刻も早く手を打たなければならない事態にある。なぜなら、世界最悪、レベル7の福島第一原発メルトダウン事故が起こってしまい、天文学的な放射能が日本全土に降り積もってしまったのだ。それを認めなければ、日本の再生はあり得ない。

食品のベクレル表示

全国に流通する放射能汚染食品の問題は、日々深刻さを増している。二〇一一年末になって、厚生労働省がようやく、「食品に含まれる放射性セシウムの新しい基準案」をまと

図27 食品に含まれる放射性セシウムの基準値

新しい「安全基準」

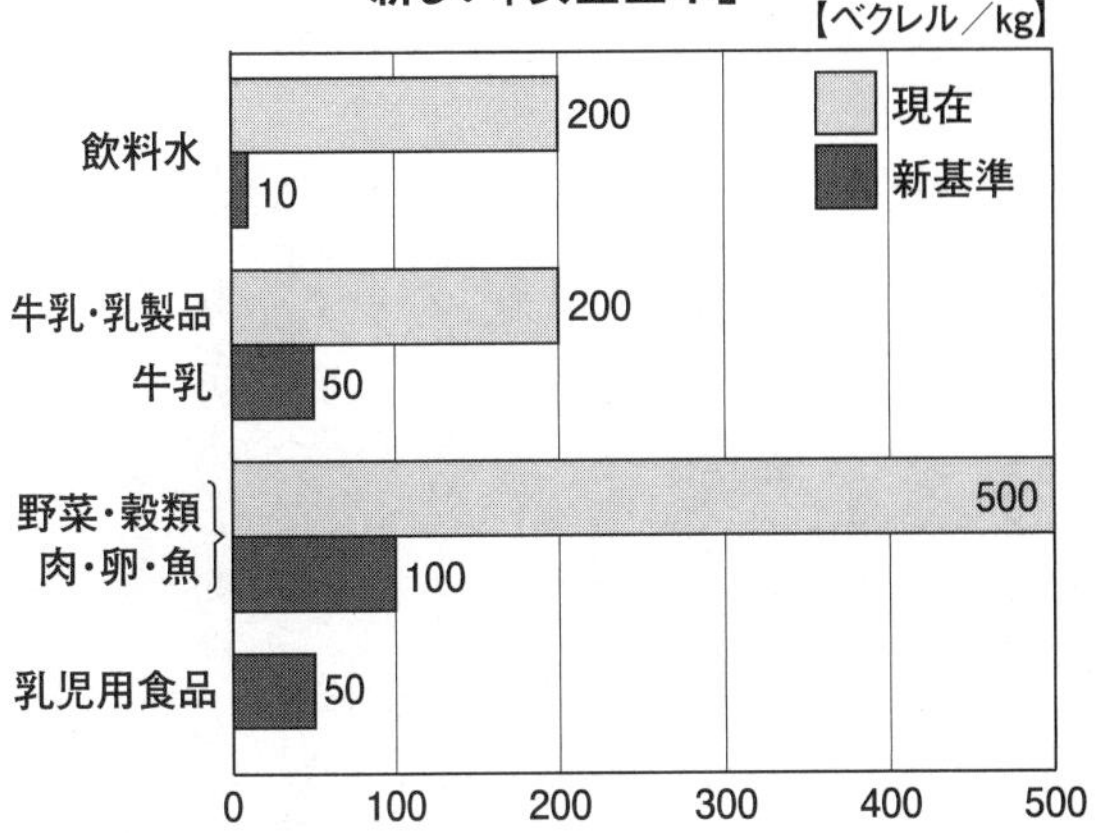

めたことが報じられた。

このグラフだけを見ると、何も知らない人は、かなり厳しくなったと安心するだろうが、安心できるどころではない。そもそも、主食の米が一キログラムあたり（以下すべて同じ単位で示す）一〇〇ベクレルなどという高い基準で子供を守れるはずがない。乳児用食品はヨーロッパでは一ベクレル単位が常識だと言っているのに、五〇ベクレルなどという高い数字には、驚くばかりだ。しかも乳児用食品だけを規制するなら、幼稚園児や小学生、中学生という育ち盛りの子供たちはどうなるか。これでは、まったくザルのような規制で、小宮山洋子率いる厚生労働省は、「子供の健康はどうなっていい」というおそるべき集団だ。さらに驚いたことに、この新基準が年末に報道されながら、「実施は来春（二〇一二年四月）以降」だといい、子供たちが五〇〇ベクレルの食品をバリバリ食べるのを放置して、汚染物を正月のおせち料理にして平気な人間たちであった。しかも肝心の米と牛肉は、今年（二〇一二年）一〇月以降、大豆（豆腐・納豆・醤油・味噌）は、来年（二〇一三年）一月以降でないと、この新基準を適用しないというのだから、言葉もない。

どなたも知らないだろうが、一〇〇ベクレルとは、ドラム缶に詰めて、トレンチ（穴）に埋めて処分しなければならない放射性廃棄物なのである。というのは、二〇〇七年三月二〇日の総合資源エネルギー調査会中間報告に出ている「放射性廃棄物の濃度区分及び処分方法」という資料によれば、彼らは放射性廃棄物を家庭ゴミなどと同じ一般廃棄物扱いにできるというおそろしい限度を定めており、そこに示されるグラフの限度がほぼ一〇〇ベクレルだからである。日本の食卓に乗っている五〇〇ベクレルは、まぎれもなくドラム缶に詰めて処分するべき汚染物である。

今のような抜け穴だらけの規制値でこのまま暫定規制値一キログラムあたり五〇〇ベクレルというトテツモナイ危険な汚染食品を子供たちや若い世代に食べさせてゆくと、一〇年後には日本全土の病院でトンデモナイことが起こることは間違いない。したがって今は、議論している時ではなく、唯一の対策は、すべての食品に、急いで「ベクレル表示」を求めることしかない。

だが、その放射能検査そのものが、国民からほとんど信用されていない。というのは、各地の汚染地の自治体の放射能検査では、サンプル数が少ないので、ほとんどの危険物がザルから大量に抜け落ちている。そればかりではなく、汚染地域の信頼できる情報によると、ある自治体の放射能検査では、試料のすり替えが密かにおこなわれている。そのほかの測定トリックを紹介すると、検出下限値を切り上げて「不検出（ND）」とする切り捨てが横行している。暫定規制値より〇・一ベクレルでも低ければ、「不検出」として数値を公表しない。さらにこわいのは、高濃度汚染物を、汚染度が低いものと混ぜて「ブレンド」し、平均値を使ってギリギリで規制値未満に切り捨てる手法がある。これは机上の計算でもできる。また現在の測定は、ほとんどがセシウムだけに限られ、実際に飛散したストロンチウムとプルトニウムなどは測定が困難なため、数々の危険な放射性物質が測定から除外されている。東京都の南、神奈川県には汚染地帯はほとんどないように思われているが、福島第一原発から二五〇キロ離れた横浜で放射性ストロンチウムが検出されたのは、一〇月であった。さらに東京でも一一月になって三ヶ所で放射性ストロンチウム90が検出された。長い間、誰も測っていなかっただけである。文部科学省は、それはフクイチ由来のものではない、過去の核実験によるものだ、と根拠曖昧な説を発表して否定にかかったが、今まで一度も測定しないでよくこのような反論を口にできるものだ。せめて毎日食べる主食の米のストロンチウムぐらい測ったらどうだ！

最もよく使われるのは、必要な測定時間を短縮すれば、検出されないというテクニックだ。こうしたトリックが頻繁に使われているのである。したがってベクレル表示には、放射能測定のトリックがあって、その信頼性には重大な問題がある。

勿論、この責任者は、食べ物の生産者ではない。生産者は、被害者なのである。放射能汚染地域では、国からも東京電力からもほとんど補償してもらえない現状で、農民や漁民が、生きて行くために食べ物を売らなければならなかった。そのため、汚染地では野菜も魚介類もまずほとんど廃棄されていない。そこで汚染地から一旦、「安全地帯」と見られている土地に運び、産地の名を変えて産地偽装の食材が続々と生まれている。それが形を変えて、広大な範囲に広がっている。汚染地域に買いつけに来ているのは、西日本の業者が多い。福島県からはるか遠い農産物・魚介類でも汚染物が見つかっているのは、そのためだ。この実態については、別冊宝島『原発の深い闇2』に「〝産地偽装〟に追い込まれる福島の生産者たち」と題して、吾妻博勝氏が詳細な報告をしているので、全国民必読である。

また、シイタケの場合は、原木が福島県産が全国の七割を占めるので、こうした汚染原木の流通によって、遠い地域でシイタケの高濃度汚染物が発見されている。きのこ類は、菌糸が根のように広く張り出して、地中から広くセシウムを吸いあげるため、すべて危険性が高い。ナメコにもエノキダケにも危険性が潜んでおり、ハウス栽培だから安全というわけではない。

五〇〇ベクレルなどという信じがたい危険な数値を食品の安全基準としている国は、早晩、破滅する運命にある。梅には、おそろしいほどセシウムが濃縮した。事故直後から汚染されたものが多数検出されたので、表皮からセシウムが侵入したと考えられる。となれば、果実類にも危険がおよんでいることは、誰でも想像できる。汚染米から生まれる日本酒や、汚染梅からつくられる梅酒など、数限りない飲料にも放射能が浸透するおそれはある。日本酒は、放射性物質をそぎ落とした大吟醸酒ばかりになるのだろうか。

スーパーなどで大量に売られている加工食品については、原料（食材）の汚染を知っておくべきである。乳製品は牛乳が原料である。豆腐・納豆・醤油・味噌は大豆が原料である。菓子・ケーキ類・麺類は小麦粉・米粉が原料である。ソースは野菜・小麦粉が原料である。こうした加工食品は、大手メーカーが製造しているので、みな安心しているが、彼らは食材の放射能を、ほとんど測定していないのである。粉ミルクの購入者が自主検査をしてメーカーに指摘し、一二月になって初めて、粉ミルクの放射能汚染が見つかったのは、その代表的なケースであり、汚染がこれだけであるはずがない。今、海外からの乳製品を求める母親の動きが出てきたのは、そのためである。

つまり、これだけ大量の食品汚染問題を知った今、われわれにできる対策は、子供たちが摂取する「ベクレルの総量」をいかにして減らせるか、にかかっている。日本全体では、汚染食品の流通を、全員の力で防ぐ必要がある。「高齢者は汚染食品を食べてもよい」という安易な発想は、同じ釜の飯を食うという言葉がある通り、事実上は家庭内で不可能である。こうした考えは、家庭内での汚染食品の流通を認め、ひいては汚染地帯に農民をしばりつけ、放射能安全論を認めることになるので、私は反対である。

人それぞれに、考え方が違うなら、どうすればよいか。この数値に対して日ごとに消費者に高まる不安から考えて、ベクレル表示を義務づけなければ、信用を失うのは食品業界全体である。その数字を見て、それぞれの消費者が自由に選択できるようにすれば、「基準値未満であれば放射能は安全だ」と語る「自称・放射線専門家」たちを含めて、誰にも異論はあるまい。また国民には、自分の考えにしたがって食品を選択する権利がある。

日本全土が放射能で汚染されたため、風評被害は存在しない。北海道から沖縄まで流通している汚染食品は、放射能濃度が高いか低いかの違いだけである。したがって、産地が東北地方の太平洋側や関東地方に限らず、原則として全食品に放射能の含有量(数値)を示すよう求めていかなければならない。「不検出」という表示を厳禁し、小数点以下であれ、大きな数値であれ、正直に表示する努力を、誰かが責任を持って果たさなければならない。それができるのは、国家ではなく、唯一、食品業界だけである。

そうしたさなか、一〇月二二日夜にNHKスペシャルで「〝食の安心〟をどう取り戻すか」と題する番組が放送され、市民討論会がおこなわれた。聞いていると、ほとんどの参加者と、ネットによる視聴者の意見が、ベクレル表示を義務づけるよう求めていたので、日本人はかなり進歩したかと感じた。ところがそのあと、話の展開がおかしいのである。

参加者も視聴者も、ベクレル表示は、「国」が責任をもっておこなうべきだ、膨大な費用も「国」が負担しろ、としていたのだ。放射能安全論のキャンペーンに熱中する腐りきった野田内閣に、そのような意思が一片もないことは誰もが知っているはずだ。ここまで危険な汚染食品を野放しにしてきたのは、小中学校の校長や先生に圧力をかけてきた文部科学省や、厚生労働省、農林水産省たちなのである。今われわれが使うべき言葉は、NHKのアナウンサーが使った「安心・安全」という文言ではなく、「危険」である。国が費用を負担するとは、国民の税金でやれ、ということだ。われわれ被害者が、なぜ費用を負担するのだ。おい、誰が日本の食べ物に危険な放射性セシウムを入れたのだ！　東京電力ではないか。その責任者を追及しないで、まともな食卓を取り戻せるはずがないだろう。

NHKは一度も、東京電力を批判していない。おかしな討論会だ。この番組が仕組まれたものであることは、よく耳を傾けているうちに、明らかになった。某スーパーの担当者が参加しており、その人物は、「うちではすべて検査して、安全なものだけを店頭に置いている」と主張していた。ところがそのスーパーの魚介類からは、われわれが知るだけでも、かなり高い数値が出ているのだ。また茨城県の「農協」担当者らしき人物が、わが県では農産物を全量検査して安全を確かめているが、公表は控えている、と述べていた。その人物が最後にペロッと、「放射能よりストレスのほうが体に悪いという意見がある」と言ったので、正体がばれてしまった。実は茨城県では、茨城大学理学部の田内広なる人物が県内を走って「放射能よりストレスのほうが体に悪い」と触れ回って、福島県の山下俊一と同じ役割を果たしてきた。茨城県民に代って断っておかなければならないが、NHKの討論会に出席したこの人物は、間違っても茨城県のまともな代表者ではない。私が茨城県の土浦で講演会に臨んだ時、会場は一二〇〇人もの原発反対者で埋めつくされ、しかも多くの人が女性であった。真剣に汚染食品を考え、それを子供に食べさせまいとする人たちであった。それに反してNHKが、放射能安全論を語ろうとする人間を、恣意的に選んで番組に登場させていることは明らかだ。そして、汚染食品の責任者である東京電力の名前を一度も、番組で使っていない。使わせないようにしたのか、あらかじめそのような意見の人間を選んだのだろう。

その後、私の知人たちが、ベクレル表示に要する費用は東京電力が負担するべきだ、という意見を視聴者としてNHKに送っていたことも分った。それをNHKは一切紹介しなかったのである。このように恣意的な討論会を開いて、公共放送と言えるのか。NHKの職員にも子供はいるだろう。しっかりしたまえ。

なぜこれを言うかといえば、ベクレル表示に要する莫大な費用を、被害者である食品業界が負担する道理はまったくないからである。この放射能測定に必要な、高価な機器の購入費と人件費は、東京電力にそっくり請求書を送りつけなければならない。そうしなければ、食品業界は、自主的に国民の健康を守らないのだ。逆に、費用の負担さえなければ、食品業界は積極的に正確な測定をするようになり、国民を守るようになる。それができなければ食品を売る資格がない。その危機の瀬戸際にあるという厳しい医学的な事実を、すべての日本人が、生産者・流通業者・消費者が、敵対することなく一体となって、自覚するべきだ。

小売店のすみずみまでベクレル表示を求めることは不可能だ、という現実論がある。それならば小売店は、少なくとも「信頼できる生産地か生産者の名前」を、食品に対して表示しなければ、消費者からの信頼は得られないだろう。

非常に重要な原理であるが、地球上に猿人が登場して以来、人類という生物は、数百万年という長い歳月をかけて、自然界から受ける放射線や天然の放射性物質からの低線量被曝に対して、発癌に抵抗する免疫機能を、体内に培ってきた。しかし、一九四五年七月一六日にアメリカで人類最初の原爆が炸裂し、続いて広島と長崎に原爆が投下されて以来スタートを切った人工放射性物質の大量散乱は、二〇一二年に至るまで、まだ六七年しか経過していない。そのため、こうした物質に抵抗する免疫機能は、人類にはまだ備わっていない。放射性ヨウ素、セシウム、ストロンチウムなどが内分泌と免疫系の組織に与える悪影響は、マウスの実験などで確かめられるはずがなく、きわめて甚大だと考えられる。自然界に存在する放射性物質との比較は、人体医学を知らない人間たちの空論だということを知っておかなければならない。

水源の汚染から始まる二次汚染

今後に危惧される最大の問題は、水源の汚染である。フクイチからは、放射性の水素であるトリチウムが大量に放出されてきたはずだが、ベータ線を出す放射性物質なので、まったく測定できない。トリチウムは、普通の水素に中性子が二個くっついた三重水素のことで、価電子の数が普通の水素と同じなので、化学的に同じ性質を持っている。そのためこれを組みこんだトリチウム水は、普通の水とまったく同じなので、取り除くことができない。ごく低濃度でも人間のリンパ球に染色体異常を起こすことが、放射線医学総合研究所で突き止められており、半減期も一二年と長い危険物である。

カウンターで見逃される最大の危険性は、このトリチウム水と、セシウム落ち葉から広がりつつある水源の汚染である。首都圏の水源地である栃木県と群馬県中部の山間部が高濃度に汚染されているため、利根川から取水する金町浄水場の汚染が一時問題となった。ところが実際には、奥多摩湖周辺から異常に高い放射線量が検出されていることから、秩父山系と奥多摩、群馬県南西部を水源とする多摩川水系の浄水場にも放射性物質は流入している。秋から冬にかけて、落ち葉によるセシウムの高濃度汚染が広大な範囲に浸透しつつある。

　首都圏で使用されている水道水の浄水場は、荒川水系、利根川水系などによってみな異なる。たとえば荒川水系から杉並区今川町のわが家に送られている水の八六％は、埼玉県朝霞《あさか》が源流だったが、同じ杉並区でも隣の清水町の家庭に送られている水の七六％は、利根川水系の埼玉県三郷《みさと》が源流であった。荒川水系でも、朝霞のほかに、東村山、板橋区三《み》園《その》など、浄水場が異なるので、一体どうなっているのか、利用者にはまったく分からない。

　今後は、山間に降り積もった放射性物質が、秋の落ち葉、春の雪解けと共に、河川から海へとゆっくり流出してゆき、二〇一二年には河口海域の土壌に深く浸透してゆく。これらの放射能は決して、海に拡散して希釈されることがなく、直接、沿岸地帯で有機化されて、生体内に入りやすくなり、とてつもなく危険な汚染を拡大してゆく。福島県に源流がある阿武隈川は、北に流れて、宮城県の海に出るので、その河口域が危険であると予想して、週刊朝日の連載記事で警告しておいたが、その予測違わず、一一月末には阿武隈川から海に流れる放射性セシウムの量が、一日ほぼ五〇〇億ベクレルに達することが、京都大学、筑波大学、気象研究所などの合同調査で明らかになった。これは、東京電力が四月に、基準の五〇〇倍を超える汚染水を、「低汚染水」と称して一万トン以上も意図的に放流し、全世界から非難された、あの総量に匹敵する量だというのである。日本海側にある山形県の最上川でさえ、源流域はかなり汚染されている。新潟県の阿賀野川もまた、源流域は福島県にあり、流域面積で日本第三位の信濃川も、一源流である群馬県の山地が相当に汚染されている。福島県〜茨城県を中心とした太平洋側では、それが一層顕著になり、久慈川、那珂川、日本一の大河「坂東太郎」の利根川、江戸川、荒川、多摩川、さらに静岡県の富士川と大井川に至るまで、源流を探ってゆくと不安が大きくなる。これらの河川についても週刊朝日の連載記事で警告し、六ヶ所再処理工場から放流された太平洋岸での放射能が「千葉県房総半島沖」に汚染域をつくるだろうと学習会で語ってきたが、その予測違わず、那珂川と久慈川の河口域にあたる茨城県ひたちなか沖が海域汚染のホットスポットとなり、房総半島の犬吠埼沖の海底にセシウムが高濃度に濃縮し始めていることが明らかになりつつある。河川が、山中のセシウムを集めて流す樋《とい》の役割を果たすことは明白な事実だ。これらの川は、多くが、東日本の水道の水源でもあるのだ。

セシウム汚染された杉花粉も、春から飛散するが、花粉がどの程度の汚染になるか、現在はまだ分らない。

昆布、ワカメ、海苔などの海藻類、またアサリ、ハマグリの貝類、エビ、カニ、沿岸で養殖されるカキ、ウニ、アワビ、ホタテなどにも、次第に、長期的な放射能の濃縮が進行してゆくだろう。沿岸の海底に棲息する生物汚染の問題は、二〇一二年以降のほうが深刻になる可能性が高い。魚の暫定規制値（放射性セシウム）は五〇〇ベクレル／kgとなっているが、フクイチ事故前の日本近海魚の平均値は〇・〇八六ベクレル／kgだったので、通常時の五八〇〇倍までが「規制値以下」になっているのだ。

農林水産省データ（七月〜九月末）で魚介類を見ると、平均汚染度が一キログラムあたり一〇〇ベクレルを超える高い数値は、アイナメ、キタムラサキウニ、イシガレイ、天然アユ、ホッキガイ、ヒラメ、スズキ、ババガレイ、アワビ、マガレイ、ショウサイフグなどであった。明らかに、プランクトン➡小魚➡中型魚➡大型魚へと食物連鎖が進んでいる。湖で釣るワカサギのような淡水魚も、かなりやられている。海底に近い場所に棲息する魚介類ほど汚染度が高くなることは、イギリスのウィンズケール（現・セラフ

図28 ヨーロッパの農産物規制図

EUを含む43ヶ国と地域が
これら12都県からの
農産物輸入を禁止
(2011年11月末現在)

ィールド）再処理工場における汚染と、まったく同じ結果となっている。

一旦、海や河川を汚染すれば、それを回復することは容易ではない。日本人は、肉食のヨーロッパ人やアメリカ人と違って、はるかに大量の魚介類を食べ、動物性タンパク質の四割を魚介類に依存しているので、魚介類の汚染はきわめて深刻である。日本人はノンビリしているが、前述したとおり、図28の地図のように、ＥＵを含む四三ヶ国と地域がこれら一二都県からの農産物輸入を規制し、事実上禁止しているのである。

では、それぞれの都道府県に住んでいる人間は、どのようにして食べ物を選べばよいのだろうか。その時に指標となるのが、

図29に示した都道府県別の食料自給率である。

自給率が低い土地の人ほど、産地や生産者の見えない食べ物を胃袋に入れなければならない。それは、放射能汚染の確率が高いということになる。東京はその筆頭で、自給率がわずか一％である。大都会のベランダなどで、せめて自家製の野菜を栽培しようとする人にとっては、スーパーで売られている腐葉土が汚染物ばかりで、まったく信用できない状態である。しかし先日、北海道に行った時に教えられたが、「広瀬さんは北海道の食料自給率が二一〇％であることをほめてくれて、それはありがたいのですが、道民はこの二一〇％で自給しているわけではありません。ほとんどの野菜や乳製品、魚介類を北海道の外に出しているので、道民が食卓にあげる自給率は、ほぼ四〇％にしかならないのです」という。なるほど、日本全土で和食の味付けの元になる昆布がほとんど北海道産だということは、そのような意味であった。

これを地図に描くと、図30のようになる。つまり、フクイチ事故によってどこの土地が汚染されたかというマップと、この食料自給率のマップを重ねた時に、われわれ日本人の針路が見えてくる。食料自給率の上位を占めているすぐれた地域は、主に北海道・東北地方・北陸地方が大生産地にあたる。この三つの地方が全国に占める農地の割合は五一％にも達し、日本人の食生活を支えてきた。そのど真ん中の福島原発で、大事故を起こしてしまったため、主にこの広大な範囲の太平洋側が汚染されたのだ。

野田佳彦内閣が発足し、この総理大臣は、原発の再稼働に熱心な男で、加えて、保安院と原子力安全委員会というまったく信用できない腐敗・無能な原発マフィアどもが、首相命令に従ってこれからその再稼働にお墨付きを与える作業に入っている。

日本人よ、よく聞け！　これから次の大地震と大事故が迫っているのだ。原発すべての廃炉を実現するのに一刻の猶予も許されない日本で、原発再稼働に踏み切って、そう、今度、日本海側にある柏崎刈羽原発、志賀原発（能登半島）、福井の若狭湾原発群、島根原発のどこかが**「第二のフクシマ」**となれば、日本海の魚が壊滅するだろうし、フクイチ事故による大汚染を免れた日本海側の米どころ、酒どころの新潟県を筆頭に、山形県、秋田県が汚染されることによって、安全な食べ物を求めようにも、日本人全体にとって救いようのない未来が待ち受けている。

浜岡原発が**「第二のフクシマ」**となれば、一夜にして名古屋の中部経済圏ばかりか、首都圏と関西経済圏が、同時に全滅する。それは七〇〇〇万人の民族大移動というあり得ない地獄図になる。路頭に迷う大都会人たちの阿鼻叫喚を想像すれば、凄惨きわまりない人

図29 都道府県別の食料自給率

かろうじて食料自給率40%を保っている日本だが

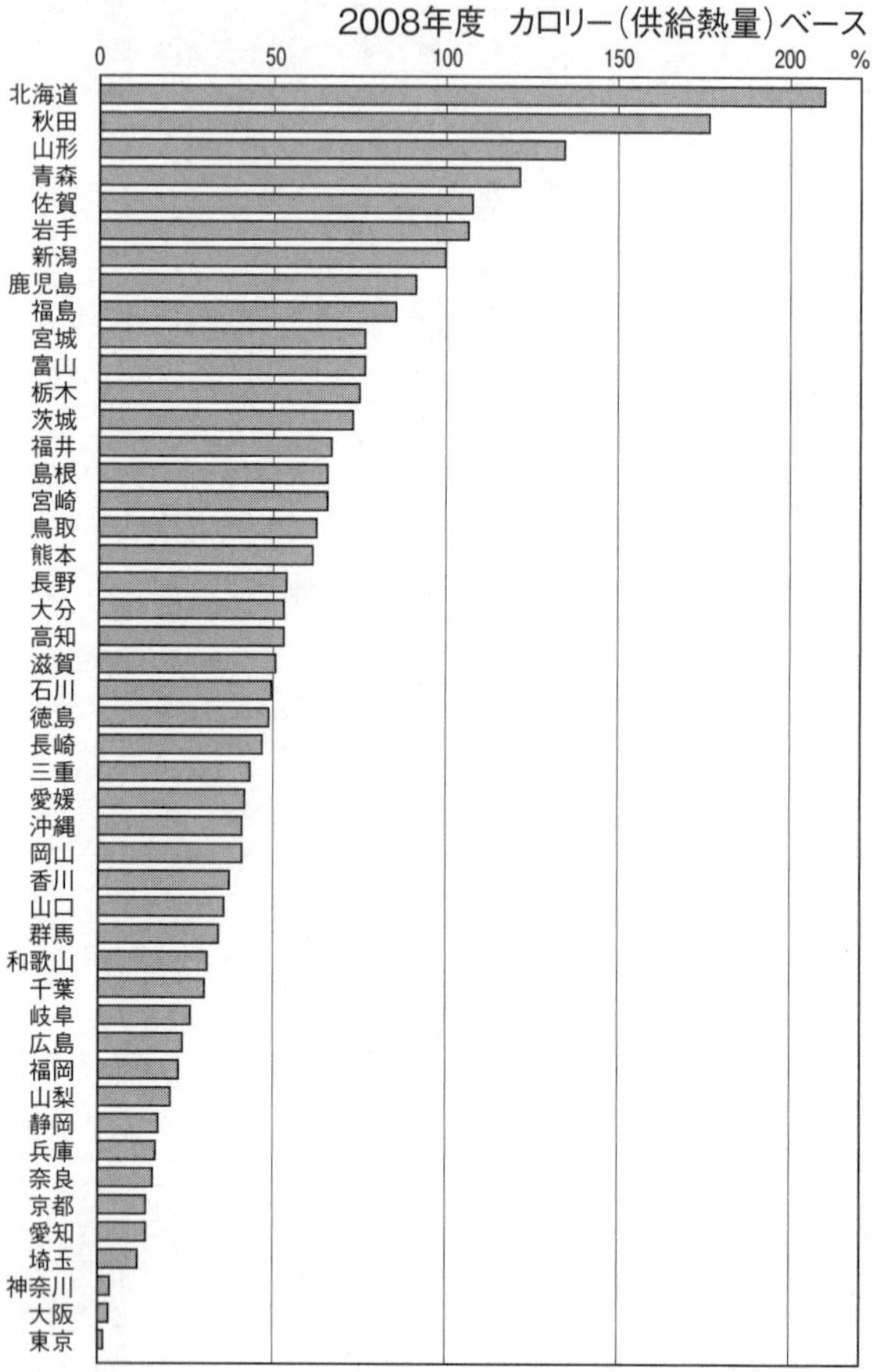

図30 都道府県別の食料自給率の分布

2008年度都道府県別の食料自給率（カロリーベース）

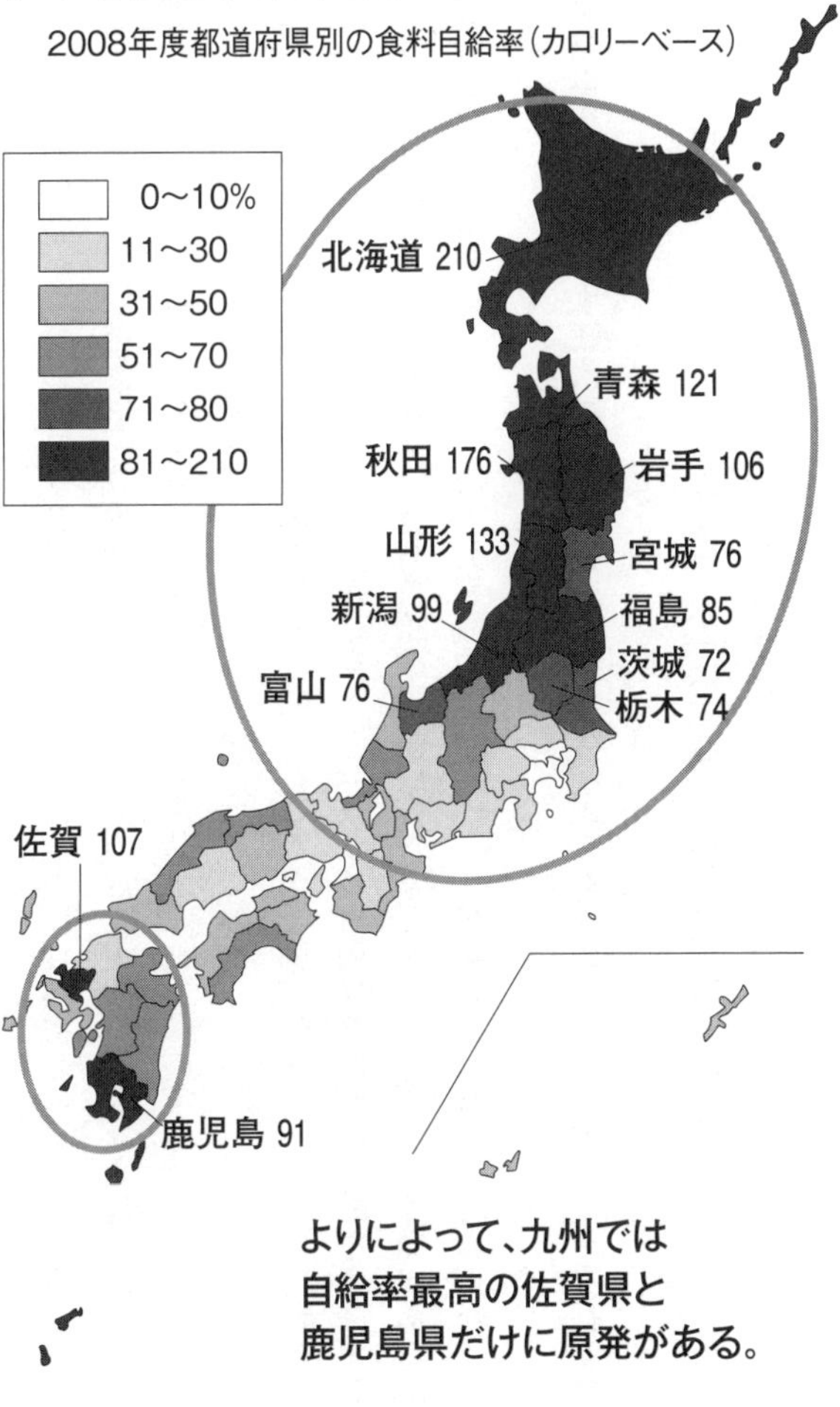

よりによって、九州では
自給率最高の佐賀県と
鹿児島県だけに原発がある。

類史上最悪の原発震災になることが分っている。

北海道の泊原発が**「第二のフクシマ」**となれば、日本中に食べ物を供給している食料自給率二一〇％（二〇〇八年度）、農地面積が全国の四分の一を占める広大な土地で起こる大悲劇だ。酪農王国、魚介類の宝庫、昆布の九五％を生産する海藻類の宝庫、それらすべてが崩壊して、日本全土の食料危機は一挙にパニックとなるのだ。

九州の玄海原発・川内原発や四国の伊方原発のどこかが**「第二のフクシマ」**となれば、台風の進路を考えれば分るように、西から東へ、一気に日本列島を放射能が総なめにするだろう。よりによって、九州では食料自給率最高の佐賀県と鹿児島県だけに原発がある。どのシナリオを想像しても、次の大事故によって、もう日本人には食べるものがなくなる!!

原発再稼働をめざす政治家に命を預ける愚かな国民であれば、もう日本は、そう長くない。

さて、「第二のフクシマ、日本滅亡」から生き残る道の三、汚染食品の流通を阻止したら、次は、日本全土に降り積もった放射能汚染物の厳重保管に取りかからなければならない。

第四章　汚染土壌・汚染瓦礫・焼却灰の厳重保管

放射性廃棄物と呼ばれない放射性物質の拡散

前章に述べたように、日本全土に降り積もった放射能汚染物は、食品中に広く侵入して子供や若者たちの体をむしばみ始めているが、汚染食品の流通を食い止めるには、食品だけに注目していてはダメである。

以下に述べる放射性物質の厳重管理に失敗すると、食品の汚染を永遠に食い止めることができなくなる。

○フクイチの事故現場で増え続ける大量の高濃度汚染水
○福島県内を中心に農地・生活地域で除染される大量の放射性物質
○日本全土に降り積もった放射能の汚泥・汚染土壌・汚染瓦礫・焼却灰

なぜなら、野菜であれ米であれ海産物であれ、自然界の生き物を採取して、それが食べ物になっているのだから、国民をあげて、これらの生き物が育つ自然界（環境）の放射能汚染を絶えずゼロに近づける努力を払っていなければならないのだ。たとえ陸上で除染しても、その放射能で汚染された排水が海に流されれば、海に棲息する魚介類や海藻類がこれを取りこみ、体内に濃縮して、そっくり再び食卓に戻ってくる。それが、食物連鎖のおそろしいところだ。生態系が破壊されるこの原理は、農薬や除草剤などの毒性と性格は似ているが、放射性物質はその寿命がケタ違いに長いことを忘れてはならない。先に述べたように、フクイチから放出された天文学的な量のセシウム137の汚染は、一〇〇〇年単位の長さで続くのだから、数年後にも、数十年後にも、食物連鎖が続いてゆく日々を、今から予測しておかなければならない。これら汚染水や除染土や汚泥などは、本来「放射性廃棄物」として厳重に管理しなければならない危険物だが、東電と組む腐りきった民主党内閣がともかくフクイチ事故を〝収束〟したという印象を国民に与えるため、野放しにしてきた高濃度の放射性物質である。

特に、東京電力や放射線専門の御用学者たちが用いる「低濃度」や「少量」という言葉は、まったく何の気休めにもならない。生物が、放射性物質を体内で濃縮する事実を無視した「大嘘」だからである。たとえば東電は一二月四日に、フクイチの高濃度汚染水の処理建屋で、少なくとも四五トンもの水漏れがあったことをようやく発表した。実に、この汚染水は、海水に放出できる基準の一〇〇万倍という高濃度のストロンチウムを含んでいるとみられる汚染水であった。白血病を起こすこの超危険物が海に流出していたのに、〝ホラ吹き下男〟の異名をとる東電の原子力・立地本部長代理の松本純一は、平然と「たとえ海に到達しても少量で、ほとんど影響ないレベルだ」とうそぶいた。苟《いやしく》も人間の皮をかぶりながら、これでも血の通った人間か、と世間が愕然とする許されざる放言だったが、このような三百代言でなければ、奸悪な東電のPR係はつとまるまい。この漏水事故は、作業員がたまたま見つけたのでニュースとなったが、実際には東電の報道発表は「嘘の百貨店」である。フクイチの建屋はどこも、地下の配管（ダクト）が破損して洩れっぱなし、土台も地盤も地震で亀裂だらけだが、地下を調べることができない。三月の事故発生以来ずっと丸一年たっても、原子炉を洗った高濃度汚染水が至る所から漏れたまま、何も調べていないのである。

原子炉建屋・タービン建屋にたまった地下汚染水の膨大な放射能は、事故からほぼ三ヶ月後の六月二五日時点で、セシウム137の濃度が二・二×一〇の六乗ベクレル／ccで、すでにこの汚染水が一〇万トンに達していた。もと京都大学原子炉実験所の海老澤徹氏の計算によれば、総量はヨウ素131換算で八・八×一〇の一八乗ベクレルになり、チェルノブイリ原発事故で放出された全放射能の一・五倍というトテツモナイ量になるという。浜通りに相次ぐ余震で、この汚染水のタンクが壊れでもすれば、一体、日本はどうなることかと不安を投げかけてきた。

そうこうするうち、秋の台風一五号が福島県を襲った時に、フクイチの原子炉建屋とタービン建屋に、地下水が絶えず流入しているという重大事が発覚した。つまり常時、汚染水タンクが地下水と通じているというおそるべき実態も露顕し、福島県内の広大な範囲を汚染し続けているのだ。地下水だから、どこまで放射能が浸透しているか、誰にも分らないし、今もって誰も測定などしていないのだ。メルトダウンを起こした1〜3号機では、毎日五〇〇トンもの海水と淡水を注入して、原子炉の放射能をジャージャーと洗い流してきたが、こうして一一月までに蓄積された汚染水の累計は、一五万八〇〇〇トンに達した。東電は、森林を伐採して東京ドーム八倍の土地に一一万トンの汚染水収容タンクを設置してきたが、すでに九万トンが埋まってしまい、タービン建屋に地下水が大量に流入して、さらにどんどん汚染水が増え続けているのだ。ところが、この行く先がない!!

そこで東電は、汚染水の海洋放出を検討し始め、保安院もこれを容認したのだ。松本純一は「半永久的にタンクを作り続けて処理水をため続けるのは現実的ではない」と暴言を吐き、漁業団体から猛烈な抗議を受けて放出を一旦見合わせることにしたが、やがて何をするか分らない。おそるべき企業だ。こうした無責任きわまる発言を、記者会見で誰も非難していないのであれば、記者たちが日本の魚介類の汚染を放任しているわけだから、それこそ報道界全体の良識が疑われるきわめて深刻な問題である。

さらに、福島県内を中心に農地と生活地域で除染され、大量の放射性物質を含んだ土壌もまた、県内の中間貯蔵施設に保管したあと、行く先がない!! 文部科学省お抱えの学者たちの計算によれば、その汚染土の量は県内だけで、おおざっぱに見積もって一五〇〇万〜三一〇〇万トンという途方もない量になる。そこで彼らは、最終的に、これを海に投棄する提案を始めているのだ。許しがたい人間たちである。

ところがこの似非学者たちの計算どころではない。四七都道府県で日本最大の面積は勿論、北海道である。これは誰でも知っているが、フクイチ事故で大汚染された福島県の面積が日本で何番目かを、ほとんどの日本人は知らない。岩手県に次いで第三位、福島県の面積は、一万三七八三平方キロメートルに達するのだ。東京都が六・三個、すっぽり入ってしまうほど広大なのである。そのうち、特に危険な汚染地帯だけで、二〇〇〇平方キロメートルにおよび、これがちょうど東京都ぐらいの面積に相当する。その全土を除染しなければならない。

実際にこの広大な面積のセシウムを除染するとなれば、農土の場合でも、表土を少なくとも五センチはぎ取らなければならないと言っているが、これだけでざっと一億立方メートルという汚染土壌が発生するのである。しかし医師としてチェルノブイリ事故の被災国ベラルーシで医療支援を続けてきた長野県松本市長・菅谷昭《すげのやあきら》氏によれば、ベラルーシ汚染地帯では、五センチどころか、二〇センチの表土を削っても事故から四半世紀後の今も住めない状態にある。福島市、二本松市、郡山市は軽度の汚染地域となっているが、菅谷氏が住んでいたベラルーシ汚染地帯より汚染値が高いという。

ところがまた、こうした除染をすること自体が、まったく無意味であることが分っていない。一体、何のために土壌の除染をするのか。それは、大農業県である福島で、農家が再び田畑を耕作できるような土地に回復させるためであろう。その時、はぎ取られる表土には土壌バクテリアが生きているので、この最も養分の豊かな部分を除去してしまえば、作物が育たないのである。新たな土壌をつくろうとしても、投入する腐葉土がセシウムで高濃度汚染されている。農業を何も知らない無知をきわめる大学教授たちが、汚染土壌の除去について机上計算をしても、まったくの徒労に終るのだ。

まして、超危険な汚染地帯二〇〇〇平方キロメートルのうち、森林面積が六～七割を占めている。こうした森林の事情をくわしく知る福島県内の人は、「森林での放射能除染なんか、絶対にできない。除染すればいつかは帰宅できるかのような幻想を、福島県民に与えるべきではない」と、私に断言している。つまり森林では、秋からの落ち葉のセシウム汚染が深刻になり始めており、これが今後ますます深刻な問題となる。この問題は、雪解けが始まる二〇一二年春に、さらに新たな水質汚染となって再発すると考えられているからである。

私は一〇月中旬のある日、講演会のため訪れた青森県の十和田湖から、奥入瀬《おいらせ》渓流に沿って地元の人の車でドライブし、大磐石《だいばんじゃく》の斜面を奔流する見事な瀑を認めながら、往々急斜して断崖をなす道を八甲田山まで、見事というほかない紅葉の絶景を満喫した。ところが、そのあまりの美しさを感じるたびに、心が重くなっていった。それは、会津磐梯山をはじめとする現在の福島県の山々の紅葉も、同じように目に美しく感じられるが、そこには、五感で知ることのできないすさまじいセシウム汚染が広がっている現実を、思わざるを得なかったからである。

一体、この美しい日本の山河に、何をしてくれたのだ！　と、叫ぶ自分がいた。あってはならないことを、起こしてしまったのだ。この大汚染を引き起こした犯人は、東電の奴らなのだ！　電力会社の愚かな連中のおかげで、放射能が日本の山河に降り積もったのだ。私の感情は、哀しみを通り越して、烈しい怒りに変った。

フクイチから放出され、内陸に流れた放射能の多くは、風に乗って山にぶつかり、太平洋側に落下した。そこが分水嶺である。山岳地帯に始まる水源地の水がやられれば、前章にくわしく述べた通り、河川によって上流から下流にセシウムが流れるので、救いようがない。人体が、ほとんど水でできていることを考えれば、上水道の汚染が決定的な意味を持っている。福島県民がカウンターを使って、土壌から出る放射線の空間線量を測っただけで、生活できるかどうかの可否を判断することは、きわめて危険である。除染しても、すぐに汚染が再発する。

福島県内の都市部の場合は、人間が日々生活する住宅地の除染となれば、屋根、壁、雨樋から庭まで、相当な神経を使って、細部まで放射能をはぎ取らなければならないが、コンクリート面にはセシウムが強くこびりついているので、さらに困難をきわめる。現在もフクイチの事故現場からは大量の放射能が大気中に放出されているが、東北地方特有の風は太平洋側から吹くヤマセである。これが吹き出すと、内陸に向かってさらに広大な範囲に汚染が広がるおそれがある。除染しても除染しても、山からも、海側からも、また放射能が襲ってくるのでは、果てしない戦いになり、そのあいだずっと被曝し続ける。

こうして、除染不可能な広大な面積、除染不可能な森林と住宅地、表土栄養分の除去による耕作地の死、背後から迫る水質汚染の深刻さ、さらにそこから発生する膨大な量の汚染物の処分場がないことを知れば、除染とは、まさしく幻想そのものである。

加えて、福島の幼い子供たちや青少年たちが、そこで生活する日々があってこその、〝郷里・福島〟であろう。行政が、体内被曝の危険性を踏みにじるおそるべき〝放射線専門家〟を雇って「健康調査」を続け、県民をモルモット状態にしばりつけて被曝疫学統計をとる。そうした人間とも呼べない人間のもとで、その若い世代がまともに生きられるかどうかを真剣に考えるなら、福島県民の命を守るためには、除染より先に、一日も早く避難する方策を計画し、長い目で見た将来の家庭生活を、急いで、具体的に考えてほしいと願う。

それは、決してあり得ないことではない。日本における農耕地の減少面積は、過去四〇年間で、ちょうど福島県の面積に匹敵するほどであった。日本列島が山また山の地形であることを考えれば、農耕できる面積はかなり狭い。この失われた土地の面積は、農業にとって、とてつもなく大きい。そして今も、耕作放棄地がさらに増え続けている。言い換えれば、全国には、福島の農民を受け入れる休耕田と耕作放棄地がどんどん広がっている。福島県の労働力が巨大な農地に投入されれば、農業後継者の不足と食料自給率の低下に悩む日本で、一挙に両者の問題が解決に向かうはずである。北海道に行った時には、農業関係者から、「放射能で苦しんでいる福島県の農家がこちらに来てくれれば、お互いに助かるのに」という言葉を聞かされた。そして私が、「そうだ、あなたたち北海道民は、明治時代に入って屯田兵などで、みな本土から移住した人の子孫でしたね。今から、福島県民が新天地をめざすことを希望的に考えることはできますね」という会話を交した。

勿論これは県外から考える理想論であり、福島県民がかなりの決断を下して、動かなければ事は一歩も進まない。ひと言、福島に対する思いを述べさせていただきたい。私は、個人的な好みで言えば、かねてから会津地方は特に好きで、鶴ヶ城を訪ね、磐梯山に登り、五色沼を歩き、猪苗代湖畔の郷土史料館を訪ね、ここから越後や庄内への鉄路・山道を何度も往還した。一方、原発の建ち並ぶ浜通りには、どうも好感が持てなかった。しかしある日、県内での選挙運動の応援に駆り出され、福島県全域を自動車で回るうち、自分の目を疑った。山奥にたたずむ家並みを見て、福島県は何と豊かな土地だろうと初めて思ったのが、その時であった。明治時代、原野に農業用水や飲用水を供給するため、安積疏水《あさかそすい》を拓いた人たちの苦難の歴史を想って、その史跡を求め、郡山駅前から歩いて調査をしたのは、数年前であった。また、福島で有機農法・自然農法に命を捧げてきた人たちと共に活動してきた。原発の学習会のあとは、桜を見るために三春までそっと足を伸ばした。思い返すだに、その郷里を汚された福島県民は、一体、どれほど秋風落莫《しゅうふうらくばく》、無念切歯の境地にあるだろうと想像すると、いたたまれない心境になる。私としては、医学的な見地から、あの人たちの体を守りたいだけである。願うことなら、自我に目覚めて新天地をめざしてほしい、と。しかし古稀《こき》間近の私がもし福島県民なら、人に気づかれぬようそっと悔し涙を拭きながら郷里にとどまり、家族だけは別の土地に送り出すだろう、と自問しながら。

いや、待て。避難するかどうかの問題は、県民の経済生活がかかっているのだから、ここで結論を出さず、次章に述べる東電処分と一緒に考えなければならない。

日本全土に降り積もった放射能をどうするか

日本全土に降り積もった放射能の汚泥・汚染土壌・汚染瓦礫・焼却灰は、さらにまた広大な範囲に、深刻な問題を広げている。この汚染物の拡大は、太平洋側だけの問題ではなくなっている。山形市では、六月下旬になって、ついに汚泥から高い数値の放射性物質が検出され、処理不能に追いこまれた。分水嶺を抜けて河川から汚染が広がったのか、と私は疑っていたが、多くの福島県民が避難し、比較的安全だと思われた日本海側でも、山形県だけは、かなり放射能の雲が山を越えて大量に降り積もったのである。

これら汚染物のすべての責任は、これを放出した東電にある。ところが、耳を疑う怪事件が起こった。

八月に、フクイチからほぼ四五キロメートル離れた二本松市のサンフィールド二本松ゴルフ倶楽部など二社が、東電に除染を求める仮処分を東京地裁に申し立てた。福島原発事故によって、ゴルフコースで高い放射線量を検出するようになり、商売にならなくなったのだから、当然の除染請求であった。ところが東電は、「原発から飛び散った放射性物質は、東電の所有物ではない。したがって、東電は除染に責任を持たない」と主張し、放射性物質の所有権は、それが降り積もったゴルフ場にあると反論したのだ。そしてこの東電のトンデモナイ要求通り、一〇月三一日に、福島政幸裁判長のもとでゴルフ場側の訴えが却下されるという、あってはならない前代未聞の裁判結果となった。

東電によれば、原発事故を起こして大気中と海水中に放出された放射性物質は、所有者が存在しない「無主物」という定義だ。これほど不条理な理屈を、なぜ東電は持ち出したのか？　ならば、松本サリン事件、地下鉄サリン事件で、オウム真理教がばらまいたサリンも、無主物ではないか。なぜ、オウム真理教の実行犯たちは、死刑判決を受けたのか？

言い換えれば、同じように放射性物質を日本全土にばらまいた東電は、業務上の過失ではなく、事故が起こり得る可能性を充分に知りながら大事故を起こし、司法界で「未必の故意」と定義される重大犯罪者なのである。狂気としか呼びようのない東電と、その除染の責任を認めない裁判官の頭の中を、理解できる人がいるだろうか。ゴルフ場側は、決定を不服として東京高裁に即時抗告したが、ここまで日本という国家全体が狂ってしまったのか。

このように、被害者を抹殺して平然としていられる社員が集まった企業が、東京電力という会社だったのである。そのような人間の集団が、この世で最も危険な原子力発電所を運転しているのだ。会長・社長ばかりか、全社員に罪の意識がまったくないからこそ、このような事件があっても、社内で誰も異論を唱えないのだ。原発事故を起こしたので、電力会社は今後考えを改めるだろうと読んできたわれわれは、甘かった。どうやら東電は、水俣病を引き起こしたチッソをはるかにしのぐ、度を越した極悪人の巣窟であることがはっきりしてきた。

放射能の汚泥・汚染土壌・汚染瓦礫・焼却灰は、人体にきわめて有害なのである。ならば、全国民をあげて、東電に対する戦いを開始したい。

日本全土に降り積もった放射能の汚泥・汚染土壌・汚染瓦礫・焼却灰を、すべて東電本社の社屋に投げこむぐらいの行動を起こす必要があるのではないか。そして、投げこんだあと、「それは無主物だ」と、怒鳴りつけてやらなければ気がすむまい。

そもそも、事は、こうして始まったのだ。六月一六日、全国各地の上下水処理施設で汚泥から放射性物質が検出されて深刻になってきたため、政府の原子力災害対策本部は、放射性セシウムの濃度が一キログラムあたり（以下すべて同じ単位で示す）八〇〇〇ベクレル以下であれば、跡地を住宅に利用しない場合に限って汚泥を埋め立てることができるなどの方針を公表し、福島など一三都県と八政令市に通知した。また、八〇〇〇ベクレルを超え、一〇万ベクレル以下は濃度に応じて住宅地から距離を取れば、通常の汚泥を埋め立て処分する管理型処分場の敷地に仮置きができるとした。

さらに六月二三日の環境省の決定により、放射性セシウム濃度（セシウム134と137の合計値）が八〇〇〇ベクレル以下の焼却灰は、「一般廃棄物」扱いで管理型処分場での埋め立て処分をしてよいことになった。

さらに環境省は、低レベル放射性廃棄物の埋設処分基準を緩和して、八〇〇〇ベクレル以下を一〇万ベクレル以下に引き上げてしまい、放射線を遮蔽できる施設での保管を認めてしまった。

おいおい待てよ。原子力プラントから発生する廃棄物の場合は、放射性セシウムについては一〇〇ベクレルを超えれば、厳重な管理をするべき「放射性廃棄物」になるのだぞ。環境省は、なぜその八〇倍もの超危険物を、一般ゴミと同じように埋め立て可能とするのか。なぜ汚染した汚泥を低レベル放射性廃棄物扱いとして、ドラム缶に入れて保管しないのか。この発生地は、無主物どころか、福島第一原発なのだから、その敷地に戻すほかに、方法はないだろう。これが「廃棄物の発生者責任」という産業界の常識だ。

さらに環境省は、放射性物質の濃度が適切に管理されていれば、再生利用が可能であるとして、一般の市場に放射性廃棄物を放出するというトンデモナイおそろしい道を拓いた。環境省のガイドラインに従えば、リサイクル製品にはフライパンも入ってくる。えっ、放射性廃棄物が、いよいよフライパンに化けるのか。

六月半ば、汚泥は関東地方全域で深刻な量に達し、数万ベクレルの汚泥があと数日で置き場がなくなるという危機になった。すると六月二四日、農林水産省は「放射性セシウムが二〇〇ベクレル以下ならば、この汚泥を乾燥汚泥や汚泥発酵肥料等の原料として使用してよい」というトンデモナイ決定を下した。六月二八日までに対象となった地域は、汚泥から放射性セシウムが検出された以下一六の都県――岩手県、宮城県、秋田県、山形県、福島県、茨城県、栃木県、群馬県、埼玉県、千葉県、東京都、神奈川県、長野県、山梨県、静岡県、新潟県――であった。えっ、放射性廃棄物が、いよいよ発酵肥料に化けるのか。

千葉県の汚染は、首都圏の中でもかなり深刻である。九月三〇日、千葉県柏市で市内の二つの清掃工場のうち、新型焼却炉を備え、現在の国の埋め立て基準(八〇〇〇ベクレル)より汚染度が高い焼却灰を出している同市南部クリーンセンターの運転を当面休止する方針を明らかにした。センターは九月七日から定期点検で焼却炉の運転をストップしていたが、放射能汚染で清掃工場が休止になる事態は、全国で最初となった。もう一つの清掃工場は施設が古く、同量のごみを焼いても、焼却灰の量は多いが、汚染濃度は埋め立て可能なレベル以下のため、南部クリーンセンターのごみも一緒に焼却することにした。同センターの焼却灰からは六月に最高で七万八〇〇ベクレルという超高濃度の放射性セシウムを検出し、埋め立て処分ができずにセンター内で保管を続けてきたが、灰は一四三トンに達して保管スペースの残り容量は九月末で三〇日分しかないところまで追いつめられた。

東京都の江戸川区でも九七四〇ベクレルという高濃度の焼却灰が出ている。

一一月二日には、千葉県市原市にある廃棄物処理業者「市原エコセメント」が、九月一五日と一〇月一一日に排水を測定した結果、それぞれ一一〇三ベクレル、一〇五四ベクレルの放射性セシウムを検出していたことを千葉県が発表した。原子力安全委員会が六月に示した基準値の一四～一五倍に相当するこの高濃度放射性排水が基準値を超えていると知りながら、同社は、一ヶ月以上にわたって計一万三二〇〇トンを東京湾に排水してきたが、この日、県の要請を受けて操業を停止した。市原エコセメントは、県内三四市町村から受け入れたゴミの焼却灰などを原材料にセメントを製造してきた。えっ、放射性廃棄物が、新築マンションやビル建設用のセメントに化けてきたのか。

その通り。二〇一二年には、汚染砕石のコンクリートを使った福島県内の新築マンションなどから高線量の放射能が検出され、すでに数百ヶ所の工事に汚染砕石を使用済みという実態が明るみに出た。

隅田川河口の中央防波堤内にある「東京臨海リサイクルパワー」が、東京都から東北地方の瓦礫処分を請け負い、三年間で二八〇億円を受け取ることになっている。ところがこの会社は、東京電力の子会社で、同社の株をほとんど（九五・五％）東電が保有し、社員も社長も、東電出身である。依頼主の東京都は東電株主第三位だ。えっ、大事故を起こした犯罪企業が、われわれ東京都民の税金で儲けようというのか。

こうした焼け太りは、福島県内の除染でも見られる。高速増殖炉もんじゅの運営組織である日本原子力研究開発機構が除染の実施を担当し、何と、原子力発電所の建設で総額ほぼ一三兆円もかせいできた大手建設会社（ゼネコン）のうち、トップの鹿島、大林組、大成建設が除染モデル事業を受注して、ぼろ儲けに没頭しているという。鹿島は福島第一原発・第二原発の一〇基中、九基を建設したゼネコンである（東京新聞二〇一一年一二月八日）。

東京臨海リサイクルパワーは、岩手県宮古市から瓦礫一万一〇〇〇トンのあと、三年間で五二万トンの瓦礫を宮城県と岩手県から受け入れる計画だが、可燃ゴミを六〇〇℃で焼却し、焼却灰を一四五〇℃で再溶融して固化する。不燃ゴミは破砕処理して、いずれも中央防波堤内に埋め立てる。残留スラグは、八〇〇〇ベクレル以下であれば、レンガの下地材として転用される。えっ、放射性廃棄物が、レンガに化けるのか。

問題は、こうした焼却によって、放射能が大気中に振りまかれることにある。一般ゴミの焼却は、低温で焼却するとダイオキシンが出るので、八〇〇℃以上の高温で燃焼するように義務付けられているが、震災瓦礫を焼却すると、そこに含まれている放射性セシウムは、沸点が八〇〇℃よりずっと低い六七八℃なので、ガスとなって大気中に拡散するからである。さらに焼却灰では、放射能が高濃度に濃縮されるから、到底、一般廃棄物として扱うことなどできない。

こんなおそろしいことを、いつから日本の国民は認めるようになったのか。環境省・厚生労働省・文部科学省・農林水産省の大臣と官僚たちがやっていることは、もう、メチャクチャである。文明国として、理性のかけらもない。ただの野蛮国家である。国民がこのような不始末を認めれば、冒頭述べたように、日本列島には放射性廃棄物と呼ばれない放射性物質が散乱して、その自然界で採取される食品の放射能汚染はますます長期化して、深刻になる。

ただし震災瓦礫の受け入れについて、ひと言、東北地方の「津波」被災地の人たちに代って、首都圏の人たちに申し上げたいことがある。

岩手県宮古市の津波被災地で出た瓦礫の搬入を東京都民がおそれ、拒否する声がそちこちからあがったが、地図を広げて見ていただきたい。フクイチからの直線距離は、宮古駅まで二六〇キロ、東京駅まで二三〇キロなので、東京のほうが近く、加えて三月一二日のフクイチ爆発から四月にかけて大量の放射能が放出された危険な時期の風は、圧倒的に関東・首都圏方面の南向きが多かった。日本全土、汚染されなかった土地はないし、岩手県でも南部は汚染度がやや高いが、ヨーロッパ人が、岩手県を比較的安全地帯とみなして農産物輸入の規制から外し、一方、首都圏の農産物を規制してきたのはそのためである。

宮古市民にとっては、「自分の住んでいるところは安全だと思いこむ都会人の錯覚が、岩手県は東北地方にあるというだけで、福島県と同列に並べて超危険視する結果となっている」と、心外な気持になる。一一月二五日に文部科学省が公表した三～六月の月間降下物の合計値（各都道府県からの報告）を見ると、東京都新宿区と岩手県盛岡市を比較した場合、放射性ヨウ素は新宿のほうが実に一〇〇倍以上多く降り積もっているのだ。放射性セシウムも新宿が六倍近く降り積もっている。盛岡市と宮古市は、ほぼ同じ緯度である。東京都の江戸川区で九七四〇ベクレルという高濃度の焼却灰が出たのに対して、岩手県宮古市の焼却灰は一三三ベクレルであった。

大津波に襲われた宮古市の被災地を自分の目で見ると涙が止まらず、何とかしてあげたいという気持になる。だがこの意見は、間違っても、危険地帯の汚染物を引き受けろとは言っていない。宮城県の瓦礫の場合は、宮城県知事がフクシマ事故による県内の放射線測定をやめさせ、住民の大量被曝と、食品の高濃度放射能汚染を隠し続けてきたので、こうした隠し事がなくなるまで、まったく信用できない。それに対して岩手県は日本第二位の面積を誇る広大な県なので、それぞれの土地がどれほど汚染されているかを、東京都民が細部まで見きわめる必要がある。この問題は、互いに汚染物を押しつけ合う感情より先に、それぞれが、まず自分の住んでいる場所がどれほど汚染されているかを知り、足元をしっかり見つめるべきだ、という意味で述べているのである。首都圏では、雨で流され、除染で流した水が、すべて海に流れていることが、本当に深刻である。津波の瓦礫と放射能汚染瓦礫を峻別しなければならないし、放射能汚染物について、責任者は東京電力であるから、まず東電にすべての処理を完遂させるという基本方針を貫く必要がある。

東電子会社の東京臨海リサイクルパワーが瓦礫処分を請け負うなら、当然それは東電が費用を負担して請け負うべきであり、汚染物の焼却は絶対に認めてはならない。八〇〇〇ベクレル以下を安全とする官僚たちの基準は、絶対に撤回させなければならない。すべての汚染物は、従来通りドラム缶に詰めて、福島第一原発の敷地内で、永遠に放射性廃棄物として厳重に管理しなければならない。

さて、「第二のフクシマ、日本滅亡」から生き残る道の四、汚染土壌・汚染瓦礫・焼却灰の厳重保管を終えたら、次は、この大被害をもたらした責任企業・東京電力の処分に、国民の総力をあげて取りかかろう。

第五章　東京電力処分とエネルギー問題

事故の責任をとらせ、活動を規制する

すでにここまで述べたように、汚染食品のベクレル表示には、食品業界が測定器の購入と、人件費で膨大な出費を余儀なくされる。また広大な汚染土壌を除染する費用と、全国に降り積もった汚染物を放射性廃棄物として厳重管理する費用も、各地の自治体を苦難に追いこんでおり、莫大な金額が見込まれる。こうした費用は、責任企業である東京電力が全額を負担して初めて、日本再生の第一歩が踏み出せるかどうかという、将来の岐路を左右する重大なコストである。さらに、直接の放射能被曝者である福島県民と、全国の高濃度汚染地帯からの避難者をはじめとして、個人的に甚大な被害を受けた人たちの救済を、東電は一刻も早く実施しなければならない。

○食品業界が要する測定器の購入費と、人件費
○汚染土壌の除染費用
○フクイチ廃炉と、汚染物を放射性廃棄物として厳重管理する費用
○放射能被曝者である福島県民と、全国の高濃度汚染地帯からの避難者への賠償

ところが政府の原子力損害賠償紛争審査会（能見善久会長）が、一二月六日に、避難地

域の周辺にある福島県内二三市町村の全住民に対して、「妊婦および一八歳以下の子供は四〇万円、それ以外の人は八万円」という、耳を疑う賠償額を決定した。これを東電が慰謝料のような形で支払う、という。たった八万円とは、一体、何を根拠に計算したのだ。福島県民の多くは、一生を棒に振ったのだぞ。そしてまだ、誰一人として将来の見えない闇の中を、全員がさまよっているのだ。福島県民よ、怒れ！

未曾有の大事故を起こした犯罪企業の東京電力が、被災者を救済もせずに、社員が五％の給与カット、賞与半減などと、まだ給与や賞与を受け取っていることは、常識では考えられないことである。役員報酬平均額三六七四万円、役員が二四人、執行役員が二八人もいることは論外だ。世間の常識から言えば、犯罪企業の役員の給料はゼロにしなければならない。原発を推進してきた東電ＯＢの責任は重大なので、平均支給額が月四〇万〜五〇万円にもなるＯＢ年金を全面廃止するなど、一切の金を吐き出させ、その金を福島県全域の全住民の救済にあてる必要がある。

東電は、一二月二二日に二〇一二年四月から企業向けの電気料金を二〇％ほど値上げすると発表し、家庭向けも早々に値上げすると言ってきたが、自分の身を切らずに、消費者に金を出させる電気料金の値上げなど、正気の沙汰ではない。

福島原発事故によって日本全土を放射能汚染の食料危機に陥れたにもかかわらず、東電とすべての電力会社および原子力マフィアどもが、今もってその大被害を反省せず、原発再稼働や、海外への原発輸出を目論んでいる現状は、狂気の沙汰である。

東電に対して、全国の被害者が一致団結して巨大な集団賠償訴訟を起こすべき時期に来ている。自主避難者を含めて、いかなる被害者に対しても、一人の切り捨ても絶対に許されない。私は、ルポライターの明石昇二郎氏と共に、二〇一一年七月に福島原発事故の責任者たちを東京地方検察庁特捜部に刑事告発したが、今日現在まで特捜部がまったく動いていないのは、どうしたことだ。八月一七日に浜松市の天竜川で川下り船「第一一天竜丸」が転覆する事故が起こり、五人の死者を出したが、その翌日の一八日に、静岡県警捜査一課と天竜署は、業務上過失致死容疑で、運航会社の天竜浜名湖鉄道など三ヶ所を家宅捜索し、段ボールに資料を詰めて運び出した。しかしその五ヶ月以上前の三月一一日に、福島第一原発メルトダウン事故を起こした東電に対しては、現在に至っても、いまだに本社に対する家宅捜索がおこなわれていない。読者は、このような日本の検察はいかがわしいと思わないだろうか？

そこで、多くの公害事件の被害者救済に尽力してきた弁護士の保田《やすだ》行雄《ゆくお》氏と会って、福

島原発事故を起こした東電が今日までまったく果たしていない賠償問題について、意見を交した。そして私が、

「東電に対する日本人の怒りをどこかで集約して、巨大な集団訴訟を起こす必要がある。しかし誰もが日々忙しく、裁判にほとんど時間を割けないので、被害者が名前を伝えるだけで、それを受けて被害の補償を受けられるような一大裁判を起こしていただけないか」

という難題をお願いした。

すると、保田弁護士は、東電の賠償に対する態度には、許せないものがあると、次のように説明してくれた。

福島原発事故後の四月に、文部科学省研究開発局の原子力損害賠償対策室に、原子力損害賠償紛争審査会なるものが設置されて、賠償問題の解決に取り組み始めた。当初はこの審査会に、福島県民に「外に出てよく空気を吸いなさい」とトンデモナイ助言を与え、大量に被曝させたとして全国から痛烈な批判を浴びてきた長崎大学大学院の山下俊一も入っていたが、各方面からの非難を受けてか、委員を辞任している。しかし、放射能の危険性を過小評価すると批判されてきた放射線医学総合研究所理事長の米倉義晴は、審査会に入っていた。この審査会が八月五日に賠償の中間指針報告書を出した。

そこに驚くべき文言が書かれていたのだ。

「本件事故に起因して実際に生じた被害の全てが、原子力損害として賠償の対象となるものではない」

えっ、一体なぜ被害すべてを賠償しないのだ！

「被害者の側においても、本件事故による損害を可能な限り回避し又は減少させる措置を執ることが期待されている。したがって、これが可能であったにもかかわらず、合理的な理由なく当該措置を怠った場合には、損害賠償が制限される場合があり得る点にも留意する必要がある」

なにい、被害者は、国からも東電からも、爆発事故発生以来ほとんど何も真相を知らされずに被曝し、逃げまどってきたのだぞ。被害者が損害を回避しなかった場合は自己責任だとは、一体どういうことだ。

このようにいい加減な審査会が、被害者の身を切るような苦しみを考えずにトンデモナイ中間指針を出したおかげで、東電はそれを受けて、賠償をいかに免れるかという悪知恵を働かせ、補償金の請求手順を書き記した分厚い書類を被害者に送りつけ、読者ご承知の通り、被害者の怒りが爆発する結果になってきたのである。そしてこの審査会が一二月に出した賠償額が、先に述べた八万円だったのだ。

保田弁護士が言うには、そもそも、自宅や農地を失い、友人・知人を失い、郷里を失い、職を失い、日々かろうじて生活を保ち、これからの生涯にわたる甚大な被害を受けた地元民をはじめとする被害者に対して、「加害者である東電」が、補償金の請求書類を送りつけ、「この書式に従って請求しろ」などと、請求の手順や項目を勝手に決めつけることが、法律的にはあり得ない非常識なことである。それをマスメディアが一度も批判していない。メディアが批判してきたのは、書類の分厚さや煩雑さだけで、そんなことは枝葉末節のことだ。

たとえば泥棒であれ殺人犯であれ、加害者側の責任者が、苦しむ被害者側に、自分の罪状に関する書類を送りつけ、それに従って被害請求をしろと求めることが世の中にあるか、と考えてみれば誰にも分るだろう。前代未聞の不条理が目の前で起こっているのだ。補償金の請求は、被害を受けた人間が怒りを持って、東電に対して、「これこれを補償しろ！」と、怒鳴りつけて求める筋合いのものである。その方法や項目を、東電が決定して被害者に通告するとは何ごとだ。そんな権利が、事故を起こした加害者の一体どこにあるのだ。図に乗るにもほどがある。

そしてもう一点、保田弁護士が指摘した重大事は、この東電の補償金の請求書類には、福島原発事故で最大の問題である、「放射能によって被曝した被害」の項目がないことだ。いいか、東電、よく聞け。フクシマ事故の最大の加害行為は、金額に換算できないほどの深刻なその肉体的な被曝にあるのだ。その項目が入っていない請求書には、一片の意味もない。

とりあえず、汚染が深刻なフクシマ現地の難民たちは、当面必要な生活資金を得るために、東電に対してこの書類を使って被害請求を送りつけても結構だが、この東電の書類で請求する内容は、見舞金程度の「仮払い」にすぎないことは法律的に常識である。ところが東電の書類には、「請求は一回限り」であるとか、「これ以降、申し立てることはありません」といった文言が並べられていて、そこにハンをつけ、と威丈高な態度をとってきたのである。何たる恥知らずであるのか。ここまで加害者を増長させてきた人間たちは、どの国の政府と報道界なのか。

「東京電力に関する経営・財務調査委員会」が、一〇月三日に、東電の賠償と経営維持の方針に関する報告書を野田佳彦首相に提出した。これが東電の今後の一〇年間の経営の道筋を示す既定事実であるかのように報道され、「東電の合理化案を委員会が厳しく査定した」というマスコミの論調だが、報告書をまとめた下河辺和彦委員長の口調を聞いていると、「……と東電にお願いします」と、加害者の東電に対して、まるで態度がなっていない。カツカツの生活を送っている被害者の福島県民と比して、最高責任者である東電役員たちが報酬を現在も受け取っていること自体が、非常識の極みである。一流企業の平均収入よりはるかに高い東電社員の給料を、わずか五％削減してすむ問題なのかと、みなが怒っているのだ。社員の給与を三分の一に減らし、一軒一軒の被害者の自宅を訪れてその生活の困苦を知るという人間らしい努力を一度でもしたことがあるのか。おい、デタラメ報道を続ける東電〝下僕〟の松本純一よ、聞いているのか。首相就任以来、原発に関して自分の意見を何も言えないほど器の小さな野田佳彦よ、こんな電力会社を放置して、それでも政治家としてよく恥ずかしくないものだ。

このままでは、棄民とされ、生涯にわたる大被害を受けた地元民の怒りがおさまるはずがない。東電に対しては、福島県民に対する賠償は、無限責任とすること、また審査会の議論がどうあれ、自主避難にかかった実費を完全に補償することを求めてゆかなければならない。

福島県民だけではない。全国の自治体が頭を抱えている放射能汚染された汚泥の処理はどうなんだ。除染した土などを、どうするのだ。これを、各地の自治体が、「困った。困った」と悩む必要などは一切ない。この放射能を放出したのは、東電福島第一原子力発電所なのだから、そこの敷地へ戻せばいい。全国の自治体には、何らその処理責任はない。また、この処理費用を、「国に対して」補償しろと求めてはならない。国が支払うとは、原子力損害賠償支援機構担当の細野豪志のごとき国会議員が払うわけではない。被害者であるわれわれ国民の税金なのだ。細野大臣が、われわれ被害者の金で充当するのは、まったくの筋違いだから許されることではない。すべて、東電の資産を使って処理しなければならない。

では、これらの巨額の賠償と、放射能処分に要する費用に充当できる「東電の資産」はどこにあるのか。

東電は送電線と配電網を売却しろ

実は、東電は、発電所のほかに莫大な資産を持っている。送電線と変電所と配電網である。これは、発電所の資産より大きいのである。これを売却すれば、ここまで述べたような、国民に与えた被害金額のかなりの部分を、充当できるのである。

図31　東京電力の固定資産内訳

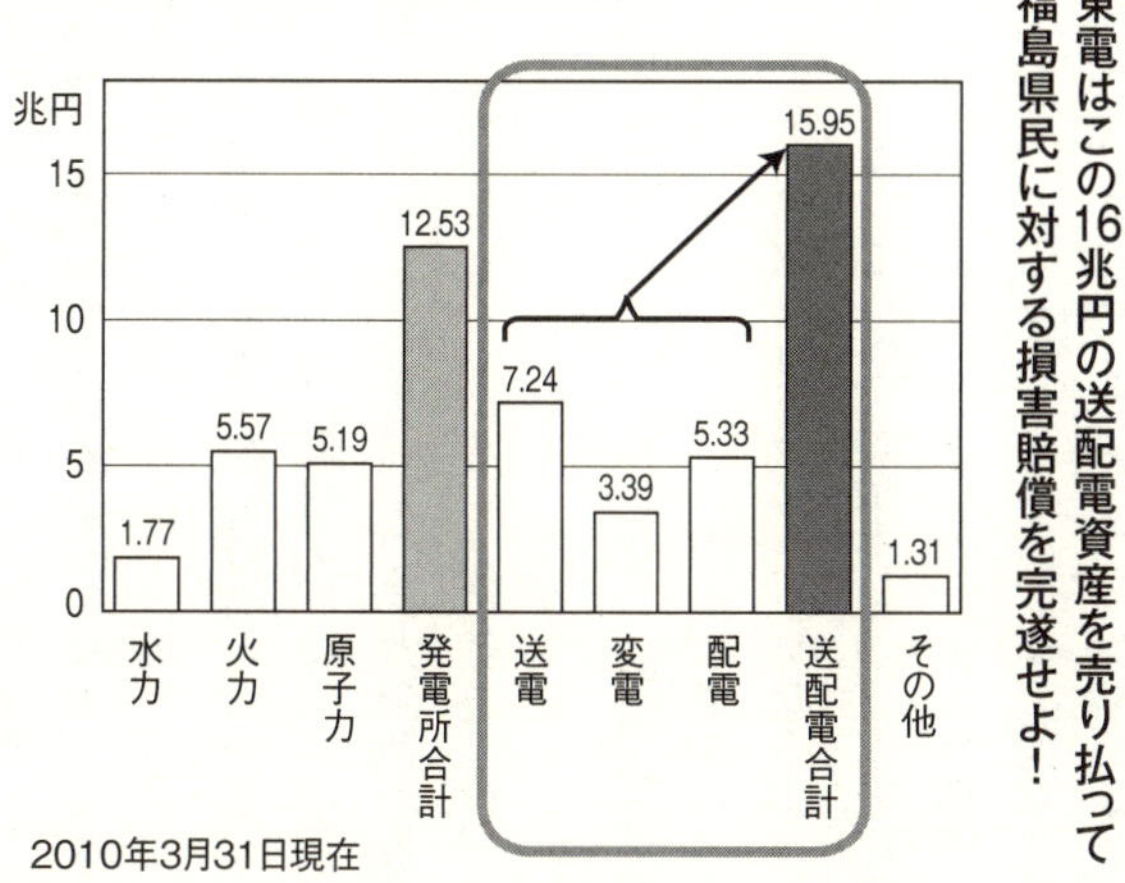

東電はこの16兆円の送配電資産を売り払って福島県民に対する損害賠償を完遂せよ！

2010年3月31日現在

二〇一〇年三月三一日の貸借対照表における東京電力の固定資産内訳（二〇一〇年三月三一日現在の帳簿原価）をグラフに示すと図31の通りである。

発電設備の合計が一二兆五三二五億円に対して、送電・変電・配電設備の合計は一五兆九五一〇億円もあるのだ。この一六兆円近い資産を売却すれば、現在のように多くの国民を苦しめている問題のうち、被曝問題を除けば、かなりの部分を経済的には解決可能である。さらにこれによって、国民の不安を煽ってきたエネルギー問題（電力不足）というキャンペーンの嘘も、一挙に白日のもとに晒される。

送電線を電力会社から分離すれば、新日

本製鉄、東京ガス、大阪ガスを筆頭に、日本有数の民間企業が所有する膨大な自家発電の能力をフルに活用できるようになり、日本全土の企業も家庭も節電せずに、まったく停電など起こらないからである。したがって、これらの自家発電設備を保有する企業が合同出資して、送電・変電・配電設備を運営する会社（たとえば「関東送配電」といった名前の会社）を新たに設立し、東電からこの一六兆円資産を買い上げ、送配電の売上金と利益を投資額に充当すれば、これまで電力会社が勝手に高額の使用料を決めてきた送配電コストを低く設定できるようになる。電気料金は、これによって大幅な値下げがなされるはずだ。

というのは、日本人は、日本の電力は電力会社からの発電だけでまかなわれていると、勘違いしてきた。そのために、「電力会社の原発を廃絶すると電力不足が起こる」という不安を抱かされてきたが、それは産業の実態をまったく知らされていなかったからである。実はすでに、総電力消費の二〇％近くは、これらの自家発電によって供給・消費されているのだ。なぜこれらの大手企業が自家発電設備を持っているかといえば、電力会社から電気を購入するより、自家発電によって供給したほうが、コストが安いからである。

加えて、二〇一〇年までの原発五四基の発電能力がほぼ五〇〇〇万キロワットだったのに対して、自家発電設備は、それをはるかにしのぐ六〇〇〇万キロワットを超えているのだ。原発の全廃を、即座に、容易にできるだけの発電能力を、日本の産業界が持っている。こうした重要な事実を、電力会社の子分として機能する経済産業省・資源エネルギー庁が隠し続け、テレビと新聞がこのような業界の常識さえ報じないために、「原発運転停止➡節電要請」という短絡した言辞が横行してきただけなのである。

結局、「関東送配電」の出資企業が安価に発電し、その電気を、これら企業が自ら運用する安価な送電線で送れば、消費者にとっては安い電気料金で電気を使える、という未来が待っているのだ。送電・変電・配電設備を売却した東電は、その資金で被害者に対する賠償責任を完全に果たした上で、おそらく五兆円の資金を要すると見込まれるフクイチ廃炉を完遂しなければならない。そして福島第一原発・第二原発だけでなく、柏崎刈羽原発も廃炉にして、手元に残った安全な火力と水力の発電所で発電しながら、「関東送配電」に電気を売って生きてゆくほかに、残された道はない。東電役員と社員は、一般の犯罪にたとえれば、無期懲役に相当する犯罪を犯したのだから、刑務所に入った服役囚の心境で、会社が存在する限り、罪を償い続け、更生への道を歩まなければならない。

こうした苦境にある東電の経営を支えるため、国有化案が政府内で議論されているという報道もあるが、この案は、国有化して倒産させるのではなく、腐敗した東電を存続させるという政治的な動きにすぎない。「送電線の分離」を実施しない限り、電力会社の独占形態という根本的な社会悪を根絶することはできないのである。まして、政治家と官僚の失政が招いた国家財政危機の責任を問わず、消費税増税による国民負担の強化ばかりを論ずるこの時代に、東電を国有化するために、ここで新たに何兆円もの国民の税金を電力会社救済資金として投入することは、国民感情から金輪際許されることではない。

　このように、送電・変電・配電設備の売却という具体的な方策がありながら、それをまったく示すことさえしなかった「東京電力に関する経営・財務調査委員会」は、国民のために何も問題を解決する能力のないド素人集団であり、この委員会の提言事項は白紙撤回するべきである。この真相は、委員の中にＪＲ東海の葛西敬之《よしゆき》会長がいたことにある。葛西は五月二四日の産経新聞に「原子力を利用する以上、リスクを承知のうえで、それを克服・制御する国民的な覚悟が必要である」、「腹を据えてこれまで通り原子力を利用し続ける以外に日本の活路はない」と書いたトンデモナイ危険人物である。大事故を覚悟して原発を使え、とはどういう神経なのか。

　葛西に率いられてきたＪＲ東海とは、一体どのような企業か。東京〜新大阪間の東海道新幹線を操業している鉄道会社である。福島原発事故後の四月から、リニア中央新幹線計画を審議する国土交通省交通政策審議会の中央新幹線小委員会と組んで、そのJR東海がリニア中央新幹線の建設計画を猛烈に推進し始めたのは、なぜなのか。リニア新幹線は、現在の東海道新幹線の三倍から五倍の電力を使うのである。そのため、中部電力の浜岡原発か、東電の柏崎刈羽原発を動かさなければ、リニアを実現できない。そこでこの葛西会長の入った経営・財務調査委が、シナリオ通り「柏崎刈羽原発を稼働しなければ電気料金値上げが必要になる」というトンデモナイ結論を打ち出したのだ。さらにリニア新幹線計画の推進をJR東海に命じた菅直人内閣の国土交通大臣・大畠章宏は、日立製作所で原子力発電プラントの設計と建設をやっていたおそるべき「原子力マフィア」の一人であった。あたかも一九二〇年代のシカゴの暗黒街マフィアたちがシンジケートを組んで、賄賂をばらまきながら政界を乗っ取ったと同じように、日本でも原発マフィアが動いて、東電の資産保護や、原発の再稼働に熱中してきたのである。

要するに経営・財務調査委などは、第三者委員会ではない。原子力マフィアの巣窟である。こうした当事者が経営・財務調査委に入っていたからこそ、国民の救済がなされないのである。さらにこの委員会が一〇月に報告書を出したあとに解散すると、葛西会長は東電に資金支援をする「原子力損害賠償支援機構」の運営委員に横滑りで就任した。支援機構は東電再建のための電気料金値上げや電力供給体制の見直し、原発事故処理などに関して大きな発言力を有するのだから、利益相反《そうはん》の犯罪者になる。JR東海会長と支援機構運営委員の兼務は即座に解消すべきだと、日経ビジネスオンライン（一二月二七日）でも痛烈な批判を浴びている。何という、野蛮な国家だ。

さらに東電をはじめとするすべての電力会社に対しては、公益事業者として、今後一切のテレビ・新聞・雑誌でのコマーシャル、および地元自治体に対する寄付金など、発電事業と直接関係のない出費をすべて禁止しなければならない。電力会社がこれほど無駄な出費を重ねたおかげで、日本は世界一高い電気料金になってしまい、産業空洞化の大きな原因になってきたのだ。まず何より、「総括原価方式」の撤廃が必要である。総括原価方式とは、出費をすべて上乗せしてから、一定の利益が出るように電気料金を決定するシステムである。そのため、普通の企業がコスト削減に血眼になって努力している時に、電力会社だけは無駄なコストばかり食う原発に、金を投入すればするほどもうかるという仕組みに目をつけて、暴利を貪ってきた。この原価計算のトリックが、電力会社が原発に拘泥する最大の原因になってきた。原発とは、エネルギー不足のために生まれた産業ではなく、もともと、このように不条理なコスト計算によって利益を出せるシステムとして誕生したネズミ講だったのである。そのネズミ講の詐欺が、フクイチ事故によって破綻したのだ。原発の建設・運転・廃棄物処理・核燃料サイクルに要するすべての費用を、原価計算からやり直させる必要がある。いかに電力会社が、原発によって暴利を貪ってきたかを、今こそ明らかにしなければならない。

○東京電力の送電線と変電所と配電網の売却
○東京電力に関する経営・財務調査委員会の提言事項の白紙撤回
○電力会社の総括原価方式の撤廃
○浜岡原発・柏崎刈羽原発の再稼働を狙うリニア中央新幹線計画の白紙撤回

こうした正当な請求をするために、怒りをもって巨大な集団訴訟を起こし、国民あげて、傲慢な東電を裁く日が来た。国民規模の集団訴訟を起こすための法律ガイド・ブックレット『福島原発事故の「犯罪」を裁く——あなたにも告発・提訴できる原発村の悪《ワル》‼』（広瀬隆＋保田行雄＋明石昇二郎編著）を宝島社より発売したので、参考にしていただきたい。

電力不足問題は存在しない

福島原発事故のあと、電力不足が騒がれてきたが、日本人は、次の事実だけを知って、安心してすべての原発を廃炉にすればよい。

「原発を全廃しても、それが原因による停電は、絶対起こらない。政府が原発全廃の政策を決定すれば、ほっておけば、電力会社は発電のプロであるから、必ずほかの方法で発電を始める。電力会社は、電気を売って初めて生きられる企業であり、それ以外に、電力会社の仕事はないからである。したがって今、原発を廃絶するために、政治家であれ第三者の市民であれ、余計な口を挟んで自然エネルギーの活用を唱える必要などまったくない」

この事実は、三〇年以上前に私が反原発運動を始めた時からの持論であり、現在もまったく変っていない。すでに、電力供給とエネルギー問題については、『新エネルギーが世界を変える——原子力産業の終焉』（NHK出版）を二〇一一年八月一五日に発刊して、エネルギー業界の事情を解説したので、ここでは、くわしい説明を省略して、その重要な結論の一端を紹介するにとどめたい。

○原発は、とうに終焉の時代に入っているので、望むと望まないとにかかわらず、ほどなく自然消滅する運命にある【この実態は、次章の最後に述べる】。

○しかし次の大地震の脅威を考えれば、一〇年後の原発廃絶などという悠長な計画ではなく、すべての原発を即時廃止しなければ、日本人は生き残れない【ここまで述べてきた通り】。

○電力会社の送電線を開放して、民間の大企業が保有する巨大な自家発電を利用すれば、停電などまったく起こり得ない【前述の通り】。

○二酸化炭素による地球温暖化説は、詐欺師が広めた非科学的な仮説であり、すでに全世界で完全に信頼を失い、崩壊している。

○電力会社は、クリーンでエネルギー効率が最も高いガス・コンバインドサイクルを基礎電源として、大都市部で一層普及するべきである。

○石炭・石油・天然ガスの化石燃料は、少なくとも数百年は枯渇しない。

○太陽光発電は、都会で利用できる自然エネルギーとして有効なので、都会や個人住宅を中心にあわてずに普及するべきである。しかし自然エネルギーで原発を代替することは不可能である。

○自然エネルギーとしてもてはやされている風力発電と地熱発電は、日本の最も美しい自然を破壊する発電システムである。

○中期的には、電気と共に熱エネルギーを併用するコジェネと、電力会社に頼らない分散型電源の普及が、エネルギーの効率化にとって最も重要な技術である。

○リニア中央新幹線建設と、電気自動車の普及と、スマートグリッドは、それらの利権企業が企んだ電力浪費を増大させる最悪の手段なので、阻止しなければならない。

おそらく、多くの読者にとっては、いずれも驚くような結論に見えるだろうが、エネルギー問題とは、かほどに事実が歪曲されて、国民が洗脳されてきた問題なのである。

このエネルギー問題の本質で、ほとんどの人が見誤っているのは、あってはならない電力不足という事態が、なぜ起こり得るのか、という点にある。もう一つは、二酸化炭素を犯人とした地球温暖化説が、科学的な間違い（詐欺）だという点にある。この二点だけを、改めて説明しておきたい。

電力不足を起こす原因は、家庭にはなく、産業界にある

「自然エネルギーの電力によって原発を代替せよ」と主張している人は、まず、電力がどこで最も多く消費されているかを知っておく必要がある。

電力不足が起こり得るのは、全国的には主に真夏の数日間の、しかも「平日」の午後二〜三時頃のごく短いピーク消費時間帯だけである（寒い北海道は例外で、このピークが冬期にある)。平日のこの時間帯には、ほとんどの人が、子供を含めて、会社や工場、職場、学校に出かけているので、家庭には少数しかいない。したがって家庭の電気の消費量と節電は、ピーク時間帯にほとんど無関係である。

平日のピーク時間帯に最も電力を消費しているのは、工場を中心とした「産業界」であり、次いで、オフィス・店舗などの職場・学校を含めた「業務用」と呼ばれる分野である。

工場を中心とした産業界は、物を生産する現場であるから、無駄な電力の節電はできても、安定した充分な電力の供給を強く望んでいる。したがって太陽光発電が、晴れた日の日中だけは効率よく発電しても、曇るとダメ、雨が降ると全然ダメ、冬場もダメというのでは、こんなものに頼ることは絶対にできない。太陽の発電量では、工場のほんの一部が時々動くだけだ。ビルを中心とした業務用の電力も、条件はほとんど同じで、ソーラーで全電力をまかなうビルなどはあり得ない。

このように、産業界とオフィスビルの人間が望んでいない太陽光発電を使って、即座に原発に代り得るという主張は、ピーク時間帯に最も電気を使う産業界が拒否するので、金輪際実現しない話だ。こんな幻想が、原発に反対する市民運動の中にまことしやかに流布しているのは、信じがたいことである。特に、一〇〇万キロワット級原子炉一基分の電気をソーラーでまかなおうとすれば、年間平均稼働率を考えた場合、東京の山手線の内側と同じほどの面積に太陽電池パネルを敷きつめなければならない。原発は五〇〇〇万キロワットあるのだから、その五〇倍の面積が、太陽電池によって占められてしまう。それ自体が、おそろしい自然破壊になるし、そのような広大な面積にソーラーパネルを敷きつめた頃には、次のフクシマ事故が続発して、日本は破滅しているだろう。

もう一つ知っておかなければならないことは、日本全体におけるピーク時間帯に、どこで電力が最も多く消費されているか、ということである。それは、ほとんどが大都会である。日本全土の面積のうち〇・六％にしかならない東京都に一三〇〇万人も住んでいて、実に一割近くの電力を消費しているのである。この首都に続くのが、愛知県、大阪府、神奈川県、兵庫県、埼玉県、千葉県である。つまり名古屋、大阪、神戸と、横浜などの首都圏大都市である。主に「都会人の大きな電気の消費量」がピーク時間帯にエネルギー不足問題を起こし、あまり電気を使わない東北・北陸に三七基という大量の原発を建設して危険地帯にしてきたのである。この都会人の消費をまかなうために、発電設備を自然界に持ちこむことは、過疎地を狙って建設してきた原発と同じ過ちを犯してしまうのだ。大都会人が必要とする電気は、大都会でまかなえ！　ソーラーでも風力でも同じだ！　都会人の電気のために、またしても自然界を破壊しようとしているのが、自然エネルギー論者・自称エコロジストたちであることに、私は満身の怒りを覚える。

福島第一原発メルトダウン事故を起こし、福島県民の一生を台なしにした責任者は、遠い東北の福島県に原発で電気をつくらせ、それを使い放題に使ってきた東京中心の首都圏の人間である。その罪の意識が、まったくない都会人の人間性を、私は疑う。

したがって、都会人の消費をまかなうために、自然エネルギーとして都会で本当に利用可能なのは、太陽光発電しかないことに、市民運動も気づかなければならない。ところが、ソーラーは発電法としてはすぐれているが、一〇年、二〇年の歳月をかけて、少しずつ家庭の屋根など都会を中心に普及すべきものであって、メガソーラーのように大規模な太陽光発電所を計画し始めると、ソーラーパネルが都会ではなく自然界に敷きつめられ、その下の土には太陽光が当たらず、生物が生きられなくなる。自然エネルギーが自然破壊の先導者になることは、大型の水力ダム建設と同じである。ガス火力のほうが、はるかに自然破壊が小さく、そうした火力発電所は、大都会の小さな敷地でも簡単に建設できる。

すでに述べたように、送電線を開放して、自家発電の電気をフルに有効利用する。それだけで原発の廃炉には、充分なのである。これによって、大量の電気を消費する産業界を味方につけて、原発を難なく廃絶できるようになるのだ。現在の市民運動の論法（自然エネルギー代替論）では、産業界を敵に回してしまうではないか。産業界と市民が、同じ考えで原発を廃絶することが大切なのである。市民運動にどうしてそんな簡単なことが分らないのか、私には理解できない。さらに、中期的には、ガス火力を中心にエネルギー効率を高めればよい。市民が電力会社に、自然エネルギーを利用しろなどと、余計なことを言う必要はまったくない。節電は大切だが、当面は、その必要もまったくない。

二〇一一年の真夏八月を過ぎても、日本のどこも停電しなかったどころか、電力があり余っていたので、さすがに「原発ナシでは電力が不足する」というストーリーが崩壊したことは、国民の目に明らかになっている。経済産業省は、「節電の効果があったから」と言い訳しているが、誰もそんな話を信じていない。そもそも、フクイチ事故のあと原発が続々と停止に追いこまれた二〇一一年夏に、首都圏に節電要請をした東京電力の最大供給力は五七二〇万キロワットあった。したがって、八月一八日に夏最大ピーク電力四九二二万キロワットを記録した時でも、一四％もの余力があった。ところが電力会社の手先となったＮＨＫテレビが毎日出していた「電気予報」では、東電があちこちの使える発電所をストップした状況で、電力供給力が毎日変化して、使用率九〇％前後の数字で視聴者を脅かし続けていたのだ。企業人がこれを見て、「おいおい、何を言ってるんだ。毎日の売上高の予想を変えてくれるなら、俺たち商売人は苦労しないぜ」と怒っていた通り、供給能力が毎日変化するなんて馬鹿げたことがあるか!! このような子供だましは、冬場に入っても続き、一二月九日に首都圏で初雪が降って寒さが厳しくなると早速、新聞各社が、「東電の電力使用率が九四%」という数字を出して、電力不足を煽った。この日も、実際は四四八七万キロワット÷五七二〇万キロワット≒七八%、つまり二二%も余力があったのに、である。日本では新聞記者が、まだ経産省レベルなのだ。

問題は、この子供じみた経産省のウソではない。最近の各種の雑誌や新聞の記事を見ていると、原発ナシの世界になった場合に、将来の電力を何でまかなうべきかということになると、ガスや石炭などの火力発電に頼る将来を、議論もせずに一刀両断に切り捨てる、いわゆる「環境保護論者」の言辞がいまだに横行していることだ。

二酸化炭素温暖化説の崩壊

その論拠となっているのが、「二酸化炭素による地球の温暖化説」である。つまりガス、石炭、石油を燃やせば二酸化炭素が出るのでよくない、そしてふた言目には、自然エネルギーをいかに普及すべきかという主張に、論を進める。ちょっと待ちなさい。それはおかしいではないか。なぜなら、二〇一〇年三月にドイツでおこなわれた意識調査で、「地球温暖化はこわいと思うか?」という質問に、ドイツ人の五八%が「Nein(ノー)」と回答し、ついに二酸化炭素温暖化説の世界的リーダーだったドイツ人の過半数が、ノーベル平和賞を受賞したIPCC(気候変動に関する政府間パネル)の温暖化説を信じなくなっているのだ。同時期にアメリカ気象学会と全米気象協会がテレビの気象予報士五七一人にアンケートをとった結果でも、六三%が「気候変動の主因は自然現象」と回答し、二酸化炭素温暖化説を否定しているのだ。

日本の「環境保護論者」だけが、世界の知識から孤立しているのである。彼ら自称エコロジストが、IPCCの説を、何ら検証もせずに受け売りしていることは、地球の気温の変動がなぜ起こるかを一度も実証していないことから歴然としている。日本の国民全体も、一度もIPCCの説を自分で調べずに、マスメディアの論調を鵜呑みにして、二酸化炭素は悪いものだと信じこまされてきた。

といって、こうした疑問を唱える私のような人間を頭から排除することが、科学的でないことは、誰でも認めるだろう。つまり疑念があるなら、論争しなければならないテーマなのである。次のような簡単な疑問から、読者も思考をスタートしていただきたい。

二枚のまったく異なるグラフ（図32・図33）がここにある。どちらも過去一〇〇〇年間の地球の気温の変化を示している。この違いを見て、みなさんは、どちらが正しいと思うだろうか。図32のグラフでは、地球の気温は、人類がまだ「二酸化炭素を工業的にほとんど排出しなかった西暦一七〇〇年頃」から上昇し始めている。そして一二〇〇年頃の中世は、現在よりはるかに高い気温である。ところが図33のグラフでは、一九〇〇年頃から、つまり二〇世紀に入ってから、急上昇している。一方が正しく、他方は間違っているはずだ。ここ一〇年ほど、人類が信じてきたのは、図33のグラフである。だからこそ、人類の工業化が進んで二酸化炭素の排出量が増えたことによって地球が温暖化している、という説をみなが信じたのだ。

ところがこの二枚とも、ＩＰＣＣが発表したグラフなのである。図32は、二二年前の一九九〇年にＩＰＣＣ第一次評価報告書に掲載された過去一〇〇〇年の気温グラフである。この気温変化が、ほかのどの書物にも出ている正しいものである。

一方、二〇〇一年一月のＩＰＣＣ第三次評価報告書に掲載され、「人為的二酸化炭素温暖化の決定的証拠」となり、最重要の論考として高い評価を与えられたのが、図33のグラ

図32 過去1000年間の地球気温の変化―1

IPCC第1次評価報告書に掲載された過去1000年間の地球気温の変化

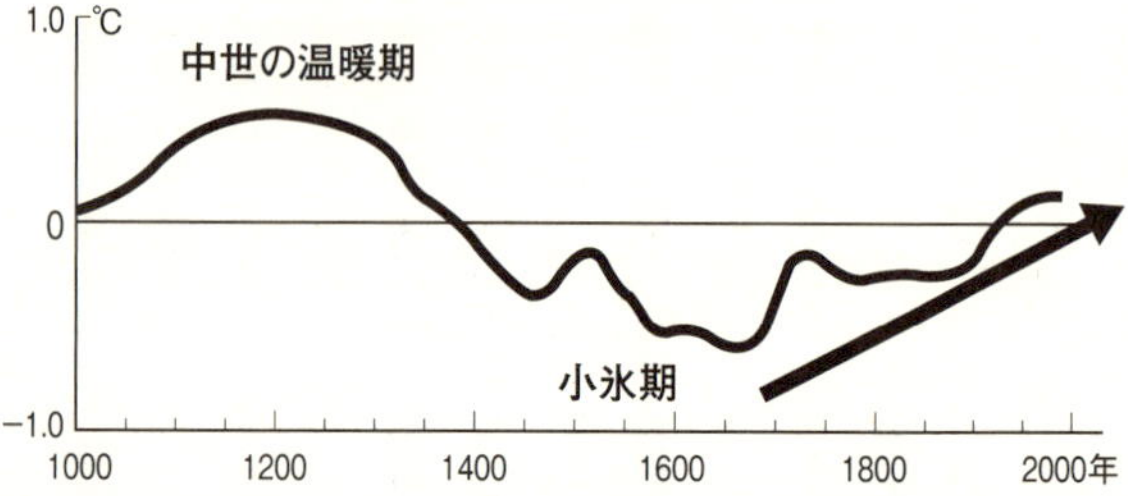

探検家、考古学者、物理学者、生物学者、地理学者、天文学者、文化人類学者たちの誰もが知る「中世の温暖期」と「小氷期」は、20年前の1990年当時のIPCCの報告書では、このように明示されていた。中世は、現在よりはるかに気温が高かった。

フである。その形から、ホッケー・スティックと呼ばれてきた。ところが二〇〇九年暮れに、このグラフが悪意によって捏造されていたという事実がインターネット上で暴露されて、世界中のメディアがそれを世紀のスキャンダル（クライメートゲート事件）として大々的に報道し、「ＩＰＣＣは詐欺師の集団である」と囂々《ごうごう》たる非難を浴びせてきた。こうしてＩＰＣＣとアルバート・ゴアが全世界の人間を洗脳した仮説は全世界で崩壊し、ドイツ人もアメリカ人も、大半の人が信じなくなったというわけである。

　もう一つのデータとして、ここ一〇年ほど、地球の気温はまったく上昇していない、

図33 過去1000年間の地球気温の変化—2

「ホッケー・スティック」と呼ばれる過去1000年間の地球気温の変化

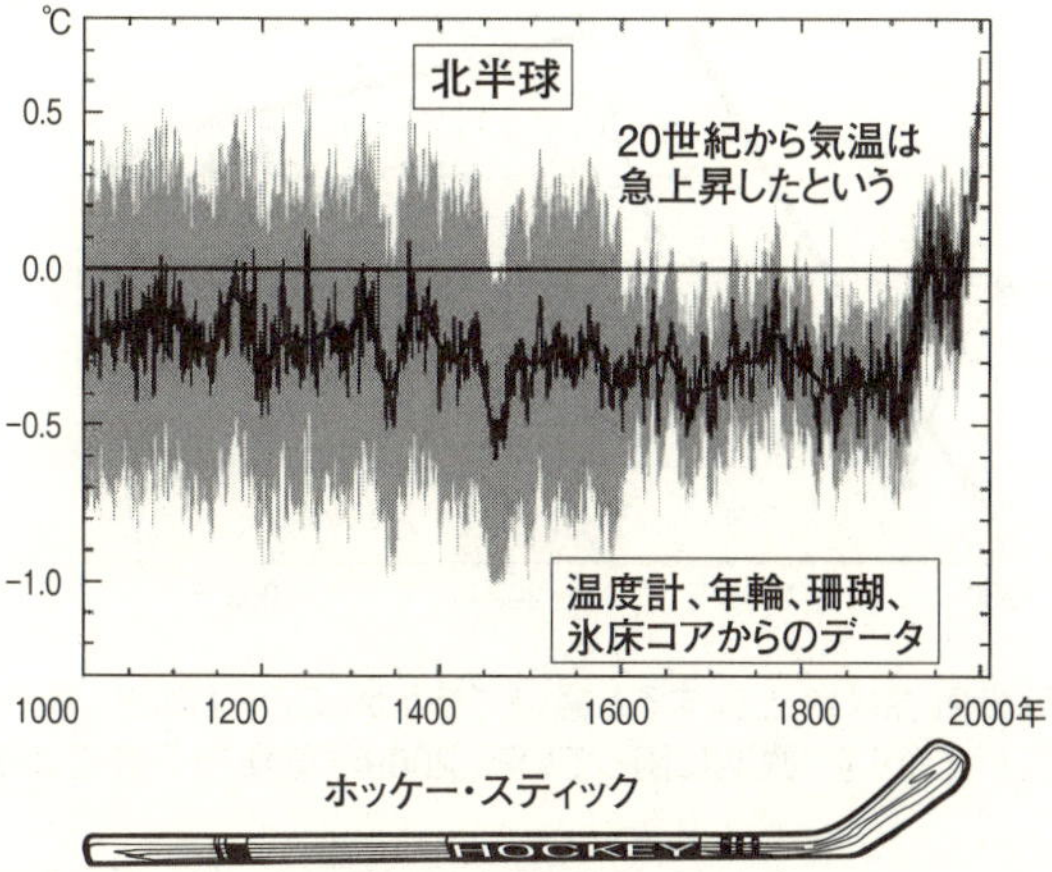

2001年1月のIPCC第3次評価報告書の掲載図。「人為的CO_2温暖化の決定的証拠」として大々的に喧伝されたグラフ。その後、各界から大きな批判を受けて2007年の第4次評価報告書で削除され、現在は捏造されたことが明らかになった。

むしろ寒冷化しているという、まぎれもない科学的事実がある。つまり中国やインドをはじめとする新興国が火力発電を主力として猛烈な経済成長を遂げ、大気中の二酸化炭素はますます増えているのに、次頁の図34のグラフが示すように、地球全体の気温は全般的に下がっているという大きな矛盾である。ＩＰＣＣの学者たちが一〇年前に予測した気温上昇グラフは、全員が完全に外れてしまったの

図34　最近20年間の地球全体の平均気温の変化

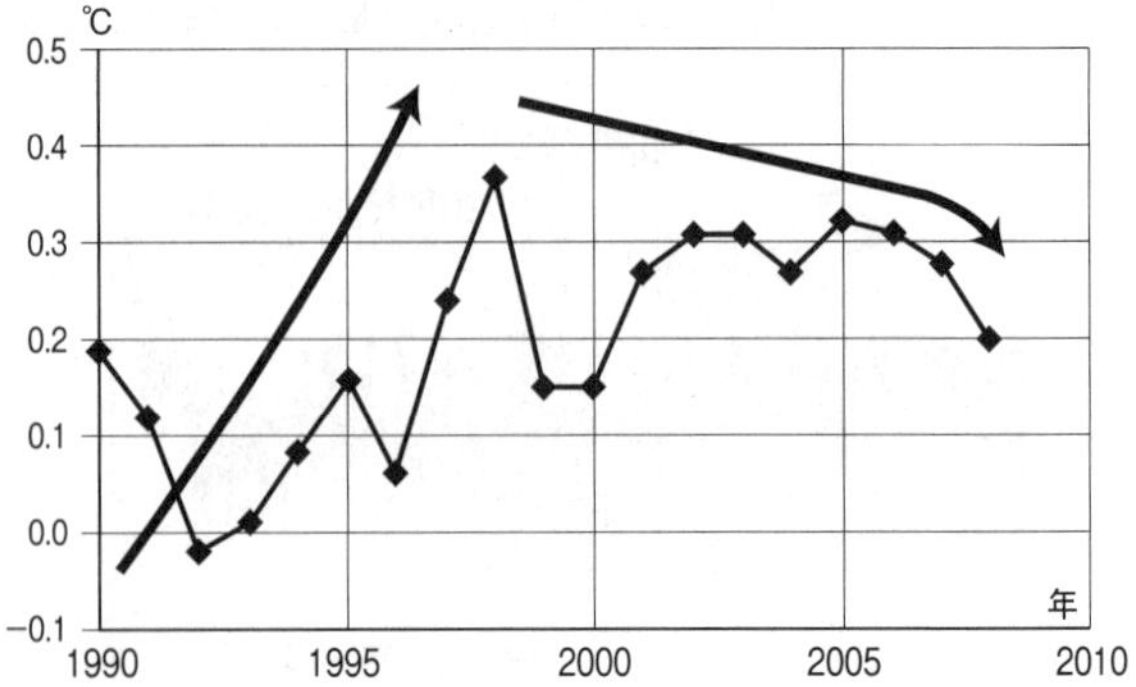

地球の気温は急上昇すると騒いできたが、CO_2は激増しながら気温が上がらず、説明に困っている。2009年気象庁公表値より。

である。一〇年後の気温さえ予測できない人間たちが、一〇〇年後の気温を正しく予測できるはずがないことは、誰でもお分りだろう。

読者が、こうした事実に驚いたとしても、その驚きは当然である。何しろ日本の新聞と、NHKをはじめとするテレビは、自分たちが二酸化炭素温暖化説を信奉し、煽ってきた当人なので、地球の気温が下がり続けていることも、これらの大スキャンダルも、恥ずかしいので、まったく断片的にしか（見えないほどにしか）報道しないからである。これは、原発の危険性をまったく報道しなかった日本の新聞とテレビが、今もって福島原発事故の報道に対して腰が引けているのと、まったく同じメカニズムである。

読者は「えっ？　二〇一〇年の夏が猛暑でも、気温は下がっているの？」と、驚かれるかも知れない。一昨年の日本の夏が記録的に暑かったことは、事実である。ところがそれは地球のローカルニュースであって、日本が猛暑にうだっている時、南半球の南米は七月中旬から例年より一〇度近くも寒い、厳しい冬の大寒波に見舞われていた。めったに雪が降らないボリビア中部で記録的な大雪が降り、ブラジル・サンパウロ州の海岸では、大量のマゼランペンギンやウミガメの死骸が見つかるなど、大寒波の被害が出ていた。つまり一昨年の異常気象は、時折起こる「偏西風の蛇行」が原因で、猛暑地帯と極寒地帯が交互に現われたのである。このことは一昨年の東京新聞と朝日新聞が、正しく報道していた。偏西風の蛇行は二〇〇三年にも起こって、当時は西ヨーロッパが猛暑でも、日本は一九九三年以来の全国的冷夏であった。

二酸化炭素温暖化説が、科学的に真実であるかどうかについて、読者が大きな疑問を持って考え始めることが、最も大事なのである。地球の気温は、人類が二酸化炭素をまったく排出しなかった時代のほうが高かったというまぎれもない事実をはっきり示すもう一つの考古学的な歴史として、縄文海進《かいしん》という出来事がある。

考古学者や地質学者であれば、誰でも知っているように、ほぼ一万年前の縄文時代には、地球全土が温暖になったため、氷河や氷床が溶けて、海水面が大きく上昇した。この事実は、明治一〇年に来日した動物学者エドワード・モースが東京で大森貝塚を発見してから、日本人による関東地方での貝塚発見競争が始まり、明らかにされた。つまり栃木県の山奥にまで、海に面した河口に生息する貝の殻があるのはなぜだろうかという不思議を解いて、日本全土が温暖化して海が内陸深くに入りこんでいたことが分ったのである。

そうなると、現在を含めた地球全体の気候変動は、二酸化炭素によるものではなく、まだ人類が解き明かせない自然界の別の原因にあると考えるのが自然である。たとえば太陽の黒点の変化が原因ではないか、と。

そもそも「二酸化炭素は悪い」という温暖化説が、現代人にとって脅威に思われたのは、誰もが記憶しているように、海水面が上昇するという現象にあったはずである。特に南極の氷が溶ければ、地球上のあちこちが水没するという恐怖を煽るストーリーが、IPCCによってふりまかれてきた。ところが大気中の二酸化炭素はますます増えているのに、南極の氷は、IPCC集団の主張と正反対に、今どんどん増え続けているのである。

北極のほうも、二〇一〇年四月に北極海は過去七~八年で最大量の氷で埋めつくされている。二酸化炭素が増えても、氷は溶けていないから、エコロジストが二酸化炭素を非難する理由がないのだ。一九八八年にＩＰＣＣが設立された時、初代議長に就任したバート・ボリンは、「二〇二〇年には、海水面が六〇メートルから一二〇メートルも上昇し、ロンドンもニューヨークも水没し、北極圏のツンドラ帯だったアラスカやシベリアで家畜を飼えるようになる」と予言していたのだ。あと八年後の二〇二〇年に、ニューヨークが水没すると思う人間が一人でもいるだろうか。勿論、現在では誰一人、恥ずかしくてそんなことを言わない。つまり、二酸化炭素が増えても何も被害が起こらなかったのだ。自然破壊と炭素とは、何の因果関係もないのだ。映画「不都合な真実」が描いたような、ＩＰＣＣの御用学者がふりまいてきた一〇〇年後の異常現象は、誇大な嘘ばかりだったというわけである。国際的に「詐欺師」と批判されるＩＰＣＣの主張を信じて、二酸化炭素が地球を温暖化させ、地球の各地を水没させるから、ガス、石炭、石油を燃焼させることはよくない、と日本のエコロジストが断ずることが、どれほど奇怪な論法であるかと、読者はお考えにならないか？　京都議定書などは、この地球環境と何も関係がないのだ。くわしくは、このことを論証した拙著『二酸化炭素温暖化説の崩壊』（集英社新書）を一読されたい。

私がこの問題を持ち出した理由は、賢明な読者にはお分りのはず。すべての原発を全廃させるのに、最も早い解決法は、いま日本全土の電気の大半をまかなってくれている、ほかならぬ火力発電の普及だからである。日本人の「快適な電化生活」を支えているのは、大半が電力会社が使っている「ガス火力と石炭火力」なのである。飯田哲也たちが主張するような「化石燃料の枯渇説」もまったくのド素人の意見であり、天然ガスは少なくとも数百年の資源があり、新しいガス田の発見が、続々とプロの人たちによって明らかにされている。石炭はそれよりはるかに大量に存在する。一方、石油は、日本の火力でガスや石炭の半分以下しか使われていないのだから、森永卓郎のように原油価格の上昇を理由に火力を批判する人間も、まるで燃料の実態を知らない意見を吐いている。加えてガス火力発電所で燃やしているガスとは、家庭の台所のガスコンロで燃やしているメタン（都市ガス）なので、まったくクリーンである。石炭火力も、日本では窒素酸化物、硫黄酸化物、煤塵を八七〜九九％除去して、煙突からは煙も出ないほどきれいで、クリーンコールと呼ばれる世界最高の技術を使い、コストは最も安い。ガスも石炭も石油も、太古の時代の樹木や生物の死骸が、地底で朽ち、あるいは分解されて生まれたものだから、みながバイオマスと呼んでいるものと同じ、生物由来の大自然の遺産である。

エコロジスト諸君、これを使って、何が悪いのだ？　ガスコンロは使うなとでも言うのか？

なぜ自称・環境保護論者たちが、普及に一〇年、二〇年もの長い歳月を要する自然エネルギーの利用を持ち出して、電力会社でもないのに、原発の延命に手助けするようなことを、わざわざ主張するのか。あなたたちは、「自然エネルギーの普及論」だけを主張しているが、原発を廃絶したければ、もう少し現実を正視する必要がある。

では、一九八〇年代後半から、私たちが何となく異常気象ではないかと感じてきた近年の地球の気候変動は、何が原因で起こっているのだろうか。ヘンリク・スベンスマルク、ナイジェル・コールダー著『〝不機嫌な〟太陽　気候変動のもうひとつのシナリオ』（恒星社厚生閣）という書物を入手し、一日に数ページずつすべて内容を確認しながら一ヶ月かけて読み終えたのは二〇一〇年夏だったが、私が生涯で読んだ最も面白い知的な書物の一冊であった。中世の一六〇九年に『新天文学』を執筆し、のちにケプラーの法則と呼ばれる惑星の運動の法則を明らかにして、地動説を確立したドイツの天文学者ヨハネス・ケプラーと、その説を支持したガリレオ・ガリレイ以来の天才の出現が、このデンマーク人スベンスマルク（Svensmark）だと思った。彼が解き明かした地球の気候変動のメカニズムは、太陽とそれを取り巻く宇宙の変化にある。そのことが同書で完璧に証明されていたのだ。つまり彼が実証した科学的な観測実験が、ＩＰＣＣの二酸化炭素温暖化説を粉々に打ち砕いてしまったため、彼は中世のガリレオと同じように、あらゆるところで現代人から迫害を受けてきた。ケプラーの師がやはりデンマーク人のティコ・ブラーエであった天文学史を思い出させる魔女狩りが、私たちの目の前で起こっているのである。

エコロジストで、この本を読んだ人はいるだろうか。いるはずがない。不勉強な彼らは、ＩＰＣＣ集団と同じく、「結論を決めてから、それを政治的に主張する」という非科学者の集団であるから、地球の変化のメカニズムさえ知らない。つまり現代人が感じてきた地球の気温上昇は、縄文海進と同じように、人類が二酸化炭素をほとんど出さない一七〇〇年代に、小氷期が終ってから始まった古くからの自然現象である。今でもＮＨＫが「温暖化」だと騒ぎ立てる世界中の氷河の減少も、古く一七〇〇年代から起こっているのである。これほど明白な科学的な事実を無視してはいけない。日本の気象庁までが、ＩＰＣＣの片棒をかついで二酸化炭素温暖化説を普及し、原発推進に寄与してきたことから、原子力マフィアが牛耳る国土交通省の傘下にある気象庁は、近年どうも怪しい。かつてのように、観測精神に忠実な科学者たる気象庁に戻るべきである。

将来の中長期的なエネルギーの理想的手段

私たちの目の前にある自然破壊の問題は、二酸化炭素ではなく、ほかのところにある。将来の中長期的なエネルギーは、何に頼ってゆくことが、人類の理想なのだろうか。今までのように工業化と電力消費の増大を果てしなく進めることがよくないことは、子供でも分る。私が最近の人間の営みに対して不安を抱いているのは、①生物に対する危険物の排出と、②無駄な熱の排出と、③機械的な（あるいはコンクリートによる）自然破壊、この三つである。

したがって、まず第一に、人類が一〇〇万年も厳重に管理しなければならない放射性物質を生み出す原子力発電は、大事故があるとないとにかかわらず、最大の危険物の排出を伴うので、即時すべてを廃止しなければならない。よく見たまえ。フクイチ現場の惨状は、放射性廃棄物の処分が不能である現実を、いま如実にわれわれに教えているではないか。地下水が汚染水タンクに流入して、東電がそれすら阻止できないでいるという事実は、私がこれまで各地の処分場候補地で語ってきた危険性を証明したのである。つまり、全土の原発が生み出してきた高レベル放射性廃棄物を、現在の国の計画通り地層処分すれば、同じように処分場に地下水が流入して、一帯が廃墟になることは目に見えている。それが、地下水の豊かな日本の特徴なのである。たびたび述べたように、一〇年、二〇年という時間をかけて原発を段階的に廃止するなどと悠長なことを言う人間は、その間に放射性廃棄物が生産されることを認め、子供や孫の世代に対して重大な罪を犯しているという意味で、まったく原発問題の深刻さを理解していないのである。

第二は、無駄な熱の排出を減らす必要性である。現在の真夏に人々を苦しめているのは、大都市を中心に広がるヒートアイランド現象である。これを抑えるために、できる限り排熱量の小さな発電法を使い、コンクリートによる都市化の面積を小さくしなければならない。ヒートアイランド現象は、その言葉が示す通り、東京・大阪・名古屋・福岡などの大都市で、自動車やエアコンの排熱と、道路やビルのコンクリート化によって、島状に過熱される直接の気温上昇である。地球の気候変動とはまったく関係がない。IPCCの最大の犯罪は、このヒートアイランド現象を無視して、二酸化炭素を犯人に仕立てあげたその冤罪にあるのだ。

最近でも、観測史上最高とされる気温が記録されているが、その原因はヒートアイランドの拡大によるものであり、今後いくらでも高温記録は更新されるだろう。都会人は、一

図35　100のエネルギーを消費するために必要な資源量と排熱量

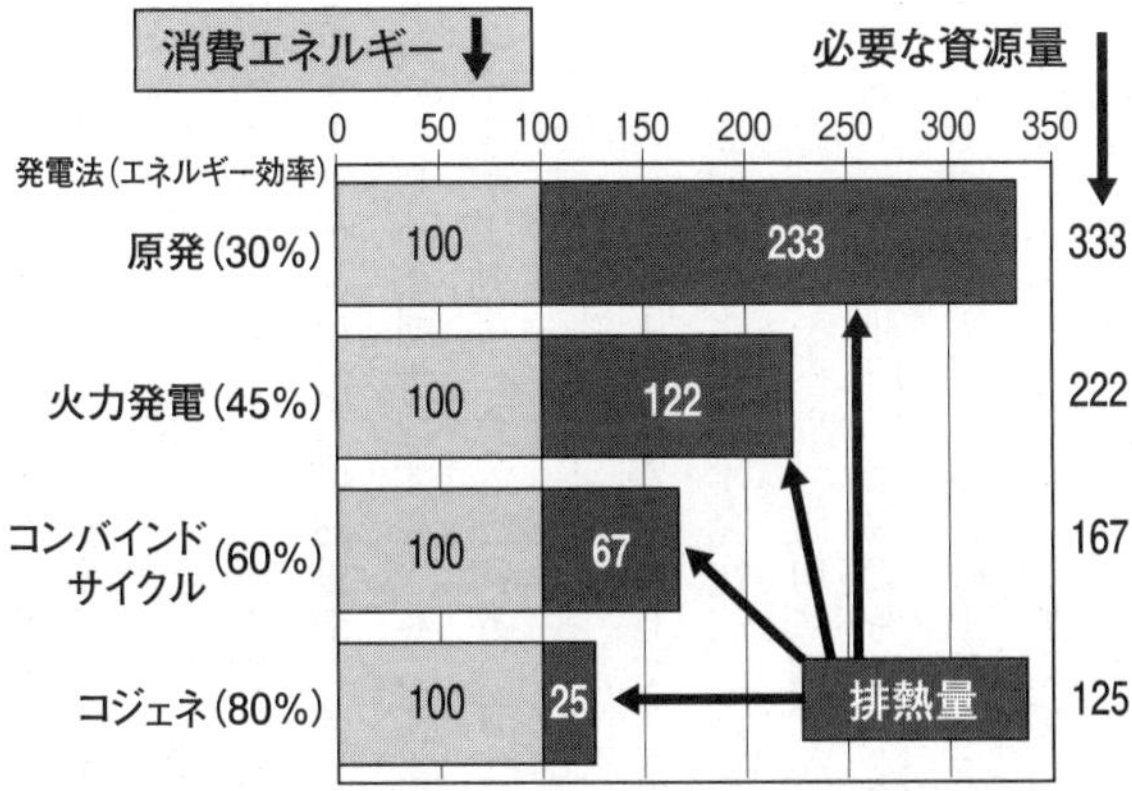

日のうち土を踏むことが一度もない生活を送っているが、都市ではコンクリートからの照り返しで、真夏の気温が一〇℃も上がることぐらい誰でも知っているはずだ。都市では土が空気中に出ていないため、地中の水分の気化熱によって冷えることがない。加えて夜になると、ビルや道路のコンクリートから熱が吐き出されて一層暑い熱帯夜をもたらす。このアイランド（島）が、今では大都市から山中に、さらに世界的な規模に広がって、中国やインドからの熱が、日本やヒマラヤにまで広がりつつあることが確認されている。逆にアメリカでも日本でも、人口の少ない地帯では、長期の気温には変化がなく、むしろ下降傾向にあるこ

とから、大都市の吐き出す熱が温度データを押し上げていることが明確になっている。

したがって人類がめざすべきは、排熱量の小さなエネルギーの利用法の普及が、最も重要な喫緊《きっきん》の技術《テクノロジー》なのである。その時、私たちが使っている発電法について考えれば、前頁の図35のように、同じエネルギーを消費するために必要な資源量と排熱量の優劣の差がはっきりする。原発は最も排熱量が大きく、天然ガスを使ったコンバインドサイクルは、その三分の一以下の排熱ですむ。さらに電気と共に熱エネルギーを併用するコジェネを使うと、エネルギー効率が八〇%にもなり、原発の一〇分の一近くまで排熱をおさえられることが、グラフから歴然としている。ところが無知な自然エネルギー論者たちが、いわれもなく無実の二酸化炭素を悪玉にして、最高のガス火力を批判してきたのだ。

熱と電気を同時に生み出す発電法「コジェネ」とは何か。現代人が家庭で消費しているエネルギーは、給湯三〇%、暖房二四%が圧倒的に大きく、これに台所の熱八%を加えると、熱エネルギーの利用率は六二%にも達している。電気でなければならない部分は非常に小さいにもかかわらず、現在のIHクッキングのように電気を使って熱を生み出すことは、発電所でのエネルギーロスに加えて、使う時にもエネルギー変換ロスが出るので、無駄な排熱をますます増やし、ヒートアイランドを加速させ、熱中症で人々を苦しめるのである。その排熱量を激減させるすぐれた道具が、エネファーム（燃料電池）やマイクロガスタービンのような、高性能コジェネ発電機である。

コジェネと太陽光発電を組み合わせることによって初めて、都会人にとっても、自然エネルギーの有効利用という意味が出てくるのである。自然界で使える自然エネルギーとしては、小型の水力発電も有効である。山の稜線や美しい日本の海岸線に建設されて最高の景観を台無しにし、自然界を破壊する風力発電などは、論外である。自然エネルギーとは、本来、日向で布団を干したり、温泉に入ることを言うのだ。

第六章　原発廃止後の原発自治体の保護

石炭産業の体験を踏まえて

さて、全土の原発を廃炉にする場合に、もう一つ、全国民が知恵をしぼり、多くの人から同意を得なければならないことがある。それは、これまで原発からの「補助金」に頼ってきた、原発立地自治体に新たな経済的負担を負わせないように、配慮することである。たとえば静岡県の浜岡原発を全基廃炉にするには、現地である御前崎市の予算の四二％が原発交付金と固定資産税に頼っていることを、われわれが真剣に考えなければならない。なぜなら、このような全国の原発立地自治体に対しては、全国民（とりわけ大都会住民）が過去に危険性を負わせてきた責任があるからだ。福井県でも、一三基の商用原発と高速増殖炉もんじゅを廃炉にすれば、雇用問題と経済的な問題は、想像以上に大きいだろう。

したがって、原発交付金と固定資産税に代る資金を政府が与えることが、絶対に必要である。地元住民の置かれている状況が、原発経済に依存することから、即刻手を打って、今後の地域再生のために、従来の電源交付金に代る国政からの資金援助制度を確立し、原発産業から脱皮できるまでの強力な財政支援をおこなう。これによって初めて、国民が敵対することなく、第二・第三の原発大事故の危機から脱出できると考えれば、このような費用は安いものである。

というのは、事業仕分けゴッコで、民主党のバカ議員が遊んでいるようなことをせずに、高速増殖炉もんじゅに注入されているごとき、莫大な原発関連予算を即時削って、それを投入すれば、簡単に可能なことだからである。

そして、過去の日本では、こうした産業の再編にあたって、モデルとなる体験がある。それは、かつて一九六〇年代に、石炭から石油への大転換がおこなわれた時代に、炭坑などで石炭に依存してきた人の離職者と地元民たちに対して、国が補償した経験である。

一九六一年一一月一三日に産炭地域を救済するための「産炭地域振興臨時措置法」（時限立法）が公布・施行された。この法律は、以後たびたび延長され、四〇年後の二〇〇一年一一月一三日に失効した。これと似たような性格の立法を、原発地域が求めるべき時である。国民はみな、生き残るために賛同するはずだ。

ただし、臨時措置法の支援を四〇年間も延長することには、反対である。政府の財政支援を得た間に、地元自治体が企業誘致や産業振興を図らなければ、この法律の意味はない。日本でも有数の自然に恵まれている原発自治体は、工業だけでなく、さまざまな観光産業の誕生に期待が持てる。私自身、日本中を走り回って、地元自治体の宣伝マンになりたいと思う。
幸いにも、また、その復興モデルが日本にある。沖縄県である。

沖縄県民が今なぜ米軍基地に猛烈に反対しているか

沖縄の米軍基地問題は、国政に翻弄され続け、米兵による暴行事件が後を絶たず、県民の怒りの感情が、すでに限界を超えている。だがここでは、経済面だけに絞って、論じてみたい。

というのは、米軍基地の跡地を利用することによって、その跡地が県内では最も経済成長しているからである。二〇〇七年に沖縄県がまとめた「駐留軍用地跡地利用に伴う経済波及効果調査」によれば、嘉手納基地から南にある五基地（普天間飛行場、キャンプ桑江南側、キャンプ瑞慶覧《ずけらん》、牧港補給基地＝キャンプキンザー、那覇港湾施設＝那覇軍港）では、基地返還に伴う生産誘発額は、返還前の二六四七億円が、三・四倍の九一〇九億円になり、雇用誘発は返還前の一万八五五五人に対して四・二倍の七万八二七二人にも増大した。——沖縄国際大学・前泊博盛教授による「基地はマイナス要因　沖縄経済は脱基地で成長できる！」リポート二〇一一年六月より沖縄県議会がまとめた、米軍基地の返還による経済波及効果の試算によれば、旧・米軍牧港住宅地区（一九八七年に返還された現・那覇新都心）における生産誘発額は、返還前の五五億円に対して、返還後はその約一二倍の六六〇億円になった。雇用誘発者数は、返還前の三九〇人に対して、返還後はその約一五倍の五七〇二人に増加した。

さらに那覇米空軍・海軍補助施設（現・那覇市小禄、金城地区＝一九八六年返還）の生産誘発額は返還前（二九億円）の約三一倍（八九一億円）、雇用誘発者数は返還前（二〇六人）の約三七倍（七六六二人）となった。基地返還後、急速な経済発展を遂げた米軍旧ハンビー飛行場・旧メイ／モスカラ射撃訓練場（現・北谷町《ちゃたんちょう》桑江・北前地区＝一九八一年返還）に至っては、生産誘発額は返還前（二・八億円）の約二一三倍（五九六・五億円）、雇用誘発者数は返還前（二〇人）の約二五二倍（五〇二九人）と激増しているのである。

かつては、「米軍基地経済に頼る沖縄県」とも言われた時代はあったが、二〇〇九年一一月八日、普天間基地の「辺野古への新基地建設と県内移設に反対する沖縄県民大会」で、「世界一危険な普天間基地の閉鎖」を決議した。普天間基地のある宜野湾市では、米軍の残留は、日々の航空機発着で生命を左右する重大問題なので、沖縄に米軍が残ることなど考えてもいない。二〇一〇年に「最低でも県外」、「地元合意を得て五月末決着」という鳩山由紀夫首相の約束を破る日米合意がなされ、その後、五月二八～三〇日に、毎日新聞と琉球新報が沖縄県民を対象に合同世論調査を実施した結果では、辺野古移設に「反対」の回答が八四％に達し、「賛成」はわずか六％であった。鳩山内閣の支持率は二〇〇九年一〇～一一月の合同調査で六三％だったのが、八％に急落し、鳩山首相への怒りと不信感が沖縄県民に広がったことは、記憶に新しい。

今なぜ県民をあげて米軍基地に猛烈に反対しているか、反対できるか、という理由が、米軍跡地における経済的な自立の裏付けがあると見ることもできる。沖縄県内の最も豊かな土地を占領している米軍基地さえなければ、沖縄県はもっと経済的に発展できるのだ。原発のある自治体も、電力会社の奴隷経済となって、一般企業、とりわけ製造業の発展がほとんど見られないという特徴を持っている。

原発と米軍基地には、非道で、とてつもない生命の危険を伴う国策を上から押しつけられた、という性格的にきわめて似ている部分がある。しかし原発では、地元の首長たちが誘致したのに対して、米軍基地の場合は沖縄県民がまったく望まないのに一方的に決定された、というまったく異なる部分もあるので、同列には論じられないが、経済の実態では、原発依存からの脱却こそが、立地自治体にとって明るい未来を築く第一歩だということは、断言してよい。

日本では、一九七〇～八〇年代が原発建設のピークで、現在はとうに終焉の時代に入っている。さらに今は、福島原発事故のため、その傾向が一層顕著で、新規・増設の原発建設はストップしたままで、まったく不可能である。加えて東日本・西日本とも、原子炉の材料の寿命三〇年を超える原子炉が大量に発生しているので、わが国においても、原発そのものは、ほどなく自然消滅する運命にある。したがって、原発を維持するという選択は、望むと望まないとにかかわらず、わが国において将来まったくないという現実を、原発立地自治体の住民が、福島原発事故の現状を知って、早く理解する必要がある。

いずれ原発は耐用年数がきて廃炉になる。原発の街はその時にどう備えるのか。町おこしで一番大切なことは、地元民が過度の期待を持たずに、自然体でおこなうことである。人間は、古いものをなくした途端に、新しいものを生み出す本能を持っている。

いずれ消滅することが分っているものに拘泥する者は、時代に取り残される。立地自治体の住民が、将来性のない産業に素早く見切りをつけ、新たな第一歩を踏み出せるように、過去の確執を乗り越えて、全国民が深い愛情をもってその手助けをしようではないか。今、みなが手をさしのべなければ、「無責任な廃炉説」によって、またしても現地住民を孤立させて、苦しめる。

それだけは、あってはならない。大切なことは、全国民の合意のもとに、落伍者が出ないように、みなが愉快に暮らせる日本を創造することにあるはずだ。国会議員は、直ちに、その具体的な議論を始めなければならない。急いで……

あとがき

日本のすべての大人は、私自身を含めて、子供たちに対して、取り返しのつかない罪を犯してしまった。「これまで私は原発に反対してきた」などと、自慢できる者など一人もいない。二〇一一年の福島第一原発事故によって、子供たちをこれだけ大量に被曝させてしまった罪は、永遠に消し去ることはできない。

私は自分の深い罪を許すことができない。

しかしわれわれは、この恥辱の罪科、生涯の不覚、愚鈍な認識の歴史を、そのまま耐え忍ぶこともできない。少なくとも、これから二度と同じ過ちをくり返さず、子供たちの被曝量を減らすことによって、この子らの創造主から寛大なわずかな許しを求めることだけが、残された道である。その道とは、これからの日々に刻む百万の言葉や、百万の活動の記録に満足することではない。

原発と再処理工場がすべて日本列島から消えた日、その時の到来を見て初めて、口にできる大願である。その目的地に到達するために、言葉と活動があることを、私は肝に銘じている。

その果実を手にするまでは、たとえ何をしても、子供たちの手を引いて、暗闇の洞窟から、光に満ちた未来への道に導き出したとは言えない。

それこそ、本書に述べた、次の六項目の達成である。

第一章　六ヶ所再処理工場の即時閉鎖

第二章　全土の原発の廃炉断行と使用済み核燃料の厳重保管

第三章　汚染食品の流通阻止

第四章　汚染土壌・汚染瓦礫・焼却灰の厳重保管

第五章　東京電力処分とエネルギー問題からの解放

第六章　原発廃止後の原発自治体の保護

これら六項目は、一つを達成すれば、必ず雪崩のように達成できることである。

読者の智恵をもってすれば、むずかしいことなど何もない。

できるかどうかではなく、なさねばならぬこと、である。

これほど造作もないことが及びもつかぬ民族であれば、断崖から「第二のフクシマ、日本滅亡」に突進するだけだ。

さあ、日本人よ。死に急がず、なし遂げてみせようではないか。

その全原発の廃炉達成の日は、たとえようもない歓喜が胸からあふれ出し、後悔を押し流してくれる日と信ずる。

二〇一二年一月

広瀬　隆

広瀬　隆 ひろせ・たかし
1943年東京生まれ。早稲田大学卒業後、大手メーカーの技術者を経て執筆活動に入る。『東京に原発を！』『危険な話』『原子炉時限爆弾』などで一貫して反原発の論陣を展開してきた。福島事故後は、いち早く『FUKUSHIMA 福島原発メルトダウン』（朝日新書）を緊急出版、その後は「原発の即時全廃」を訴えて各地で講演活動を行っている。ほかに『二酸化炭素温暖化説の崩壊』『新エネルギーが世界を変える』『原発破局を阻止せよ！』など。

朝日新書
339
第二《だいに》のフクシマ、日本滅亡《にほんめつぼう》

2012年2月29日第1刷発行

著　者　広瀬　隆

発行者　市川裕一
カバーデザイン　アンスガー・フォルマー　田嶋佳子
印刷所　凸版印刷株式会社
発行所　朝日新聞出版
〒104-8011　東京都中央区築地5-3-2
電話　03-5540-7772（編集）
　　　03-5540-7793（販売）
©2012 Hirose Takashi
Published in Japan by Asahi Shimbun Publications Inc.
ISBN 978-4-02-273439-6
定価はカバーに表示してあります。
落丁・乱丁の場合は弊社業務部（電話03-5540-7800）へご連絡ください。
送料弊社負担にてお取り替えいたします。

朝日新書

知らないと損する
池上彰のお金の学校
池上 彰
銀行、保険、投資、税金……。あの池上さんが、生きていくうえで欠かせないお金のしくみについて丁寧に解説します。給料のシステム、円高の理由、格安のからくりなど身近な話題も満載。意外と知らなかったお金の常識がわかる一冊です。

平常心のレッスン
小池龍之介
苦しみを減らし、幸せに生きるためにもっとも大事なものが平常心。プライド、支配欲、快楽への欲求など心を苦しめるものの正体を知り、自分のあるがままの心を受け容れていくやさしいレッスンの書。平常心が身につけば、生きるのが楽になる。

成熟ニッポン、もう経済成長はいらない
それでも豊かになれる新しい生き方
橘木俊詔
浜 矩子
ひたすら成熟化する日本経済。GDP2位の座を中国に奪われるなど地位低下が著しいが、2人はそろって「そんなことは、もはや問題ではない」。世界はどうなり、日本はどこに活路を見いだせばよいのか。碩学と気鋭の学者が語り尽くす！

スカイツリー 東京下町散歩
三浦 展
今、東京の東側から目が離せない！ 押上、向島、北千住、立石、小岩……明治以来の東京の町の広がりによってできた「新しい下町」を、散歩の達人が歩き尽くす。同潤会、商店街、銭湯、居酒屋等を訪ね、それぞれの町の魅力を探る「新東京論」。

震災と鉄道
原 武史
シリーズ10万部突破の『鉄道ひとつばなし』（講談社現代新書）の著者が「震災」を語る。なぜ三陸鉄道はわずか5日で運転再開できたのか、首都圏の鉄道が大混乱したのはなぜか、関東大震災の教訓とは。車窓から、震災と日本が見えてくる。

奇跡の災害ボランティア
「石巻モデル」
中原一歩
震災後、延べ10万人というボランティア受け入れを可能にした石巻。力を結集し、いち早く復旧作業にあたるには、従来の常識を覆し、行政と民間団体が連携して「熱意を形にする」仕組みが必要だった。それを可能にした熱き人間ドラマを描く。

コンサルタントの仕事力

小宮一慶

客の悩みを解決したり、改善策を提案したりするコンサルティング力。仕事をしている人なら誰もが必要になる、この能力を身につけるには、どうすればいいのか。日本を代表する経営コンサルタントが自らを題材に一から教える。ビジネスマン必読！

ホンダ式 一点バカ
強い人材のつくり方

片山 修

アシモや小型ジェット機など、自動車や二輪車にとどまらない独自の輝きを放ち続けるホンダ。その強さの秘密は、仕事を楽しんで深掘りする「一点バカ」の育て方にある。若手社員12人への取材から「2階に上げてはしごを外す」若手鍛錬法に迫る。

親鸞 いまを生きる

姜尚中
田口ランディ
本多弘之

没後750年、いま、親鸞の教えが苦悩する日本人の心に響く。他力本願の真の意味とは、浄土はどこにあるかなど、人気政治学者とスピリチュアルな作品を紡ぐ女性作家、親鸞仏教センター所長が、自らの経験を織り交ぜ、教えの神髄を論じあう。

禅――壁を破る智慧

有馬賴底

有馬家に生まれ、8歳のときに日田・岳林寺で出家。京都仏教会理事長としては古都税に異議を唱えた。臨済宗相国寺派管長の高僧が、生きることはつらいことではないという禅の奥義から、気持ちを「平らにして」毎日を一歩、一歩と歩む方法を教授。

腸！ いい話
病気にならない腸の鍛え方

伊藤 裕

最新の医学研究で、人間の最重要臓器は「腸」であることがわかってきた。老化は、腸と腎臓に最も早く現れる!? 日本テレビ系「世界一受けたい授業」にも出演した医師である著者が、腸の知識をおもしろく解説し、「腸を鍛える」方法を指南する。

老いを愉しむ習慣術
「しなやかな心」のつくり方

保坂　隆

「もう今さら」「めんどくさい」と心が後ろ向きに諦めてしまったとき、老いが一気に進みます。逆に言えば、老いを軽やかに受け入れる習慣が身につけば、いつまでも人生を愉しむことができるのです。精神科医の著者が「老いを愉しむ心」をつくる習慣を伝授。

浅田真央はメイクを変え、キム・ヨナは電卓をたたく
フィギュアスケートの裏側

生島　淳

バンクーバー・オリンピックで、浅田真央はなぜキム・ヨナに勝てなかったのか。氷上の華麗な舞いが見るものを魅了する一方で、その舞台裏で行われていることとは？採点、流行、駆引き……。これまでベールに包まれていたフィギュアの真実を徹底解明。

科学の栞《しおり》
世界とつながる本棚

瀬名秀明

「本書に登場する科学書の多くは、むしろ読むとあなたに新たな疑問や謎を残すでしょう。本のページを閉じた後、世界はもとに戻るのではなく、むしろ変化して見えることでしょう」（「はじめに」より）。宇宙や心のふしぎから進化論まで「もっと知りたい」を刺激する本をご案内。

放射能列島 日本でこれから起きること
誰も気づかない環境被害の真実

武田邦彦

原発事故で日本に深刻な放射線問題が残り、日本人の人生設計は大きく変化することになった。いったいこれから日本で何か起きるのか。リサイクル・ダイオキシン・地球温暖化など、過去の〝ウソの環境問題〟と絡めつつ、今、日本人が知っておくべきことを綴った必読の書。

親は知らない就活の鉄則

常見陽平

親の無知ゆえの口出しが、子どもの内定をつぶす！　そんな現状を見まくってきた人材コンサルタント&元採用担当者の著者が説く「親が知っておくべき就活の実態と赤裸々な子どもの本音」。この一冊を読めば「普通の子が『納得内定』をとれる王道」がわかる！

マイホーム、買ったほうがトク！

藤川　太

不況の今、不動産の価値が上がらないので、家の購入は負債になると思っている人が多い。しかし、ずっと賃貸で本当にいいのだろうか？　家計の見直しが専門のファイナンシャルプランナーが、家計がプラスになる物件選びの裏技を伝授する。

高血圧、効く薬効かない薬

桑島　巖

高血圧には「ギュウギュウ型」と「パンパン型」があり、型によって服用薬が変わってくる。効かない薬が使われている現状を告発し、患者にとっての良い薬を判断するポイントと高血圧改善方法をわかりやすく解説。高血圧の最新トピックも紹介する。

やはり、肉好きな男は出世する
ニッポンの社長生態学

國貞文隆

社長は一体、どんな生活をしているのか？　仕事量、稼ぎ、女性関係は？　出世する男の共通点とは？　東洋経済新報社の記者や雑誌「ＧＱ　ＪＡＰＡＮ」で３００人以上の経営者を取材してきた著者が語る、知られざる社長の生態。日本を支える経営者の素顔が見えてくる。

朝日新書

震災と原発 国家の過ち
文学で読み解く「3・11」
外岡秀俊

大震災と原発事故で苦しむ東北に、再び光は差すのか？ 著者が被災地で実感した、国家の様相と内外の文学作品との共通項とは？ カミュ、カフカ、スタインベック、井伏鱒二らを介して、「国家の過ち」を考察する。名文家で知られる元・朝日新聞編集委員の渾身作。

コンビニだけが、なぜ強い？
吉岡秀子

業績不振にあえぐ小売業界のなかで唯一、右肩上がりのコンビニ。「小売」から「サービスステーション」の道をひた走るコンビニの現在を徹底取材。セブン-イレブン、ローソン、ファミリーマートの三者三様の戦略から、不況日本の生きる道が見えてくる。

世界の紅茶
400年の歴史と未来
磯淵 猛

18世紀、英国アフタヌーンティーの流行を皮切りに世界中に紅茶は広まった。現在世界一二〇カ国の人々が紅茶を飲むという。なぜこれほど愛されるのか？ 紅茶研究の第一人者である著者が、紅茶界の変遷を語るとともに最新情報をもとに紅茶の「未来」までをひもとく。

第二のフクシマ、日本滅亡
広瀬 隆

列島が地震活動期に入った今、第2のフクシマがいつ起きてもおかしくない。「反原発」の、あの広瀬氏が日本を滅亡させないために緊急提言。六ヶ所再処理工場の即時閉鎖、全原発廃炉断行、汚染食品の流通阻止……。渾身の書き下ろし。